工业机器人产品应用实战

第2版

管小清　吕世霞　常　青　著

机械工业出版社

本书从实用性出发，聚焦 ABB 工业机器人在产品包装中的实际应用，以搬运、装箱、码垛、拆垛和分拣 5 个典型的应用案例体现了工业机器人技术的应用特点。本书利用 ABB 工业机器人强大的虚拟仿真软件 RobotStudio 搭建虚拟工作站，学习各类产品包装的典型工作站搭建、机器人配置、调试和编程，解决了在没有工业机器人本体和外围设备的情况下，完成工业现场具体任务的问题。书中的任务对象大多来自工业生产实践，真实再现了产品包装生产现场的情境。本书提供相应工作站文件，请用手机扫描前言中的二维码下载。

　　本书适合从事工业机器人相关工作的技术人员使用，也可以作为工业机器人相关职业技能等级证书取证考试的辅助教材。

图书在版编目（CIP）数据

工业机器人产品应用实战/管小清，吕世霞，常青著．—2版．—北京：机械工业出版社，2023.9（2025.2重印）
ISBN 978-7-111-73507-6

Ⅰ．①工…　Ⅱ．①管…②吕…③常…　Ⅲ．①工业机器人　Ⅳ．①TP242.2

中国国家版本馆CIP数据核字（2023）第127856号

机械工业出版社（北京市百万庄大街22号　邮政编码100037）
策划编辑：周国萍　　　　　　责任编辑：周国萍　刘本明
责任校对：龚思文　李　婷　　封面设计：陈　沛
责任印制：邰　敏
北京富资园科技发展有限公司印刷
2025 年 2 月第 2 版第 2 次印刷
184mm×260mm · 13.25印张 · 295千字
标准书号：ISBN 978-7-111-73507-6
定价：69.00元

电话服务　　　　　　　　　　网络服务
客服电话：010-88361066　　　机　工　官　网：www.cmpbook.com
　　　　　010-88379833　　　机　工　官　博：weibo.com/cmp1952
　　　　　010-68326294　　　金　书　网：www.golden-book.com
封底无防伪标均为盗版　　　　机工教育服务网：www.cmpedu.com

　　工业机器人是面向工业领域的多关节机械手或多自由度的机器装置，它能自动执行工作，是靠自身动力和控制能力来实现各种功能的一种机器。它可以接受人类指挥，也可以按照预先编好的程序运行，现代的工业机器人还可以根据人工智能技术制定的原则纲领行动。

　　在发达国家，工业机器人自动化生产线成套设备已成为自动化装备的主流及未来的发展方向。国外汽车、电子电器、工程机械等行业已经大量使用工业机器人自动化生产线，以保证产品质量，提高生产效率，同时避免了大量的工伤事故。全球诸多国家近半个世纪的工业机器人的使用实践表明，工业机器人的普及是实现自动化生产，提高生产效率，推动企业和社会生产力发展的有效手段。

　　21 世纪以来，机器人技术的应用开始从制造领域扩展到非制造领域，研究和发展基于非结构环境、极限环境下的特种机器人技术已经成为主要方向。同时，机器人研究又不断向智能化、模块化、多功能化以及高性能、自诊断、自修复趋势发展，以适应市场对"敏捷制造"、多样化、个性化的需求，适应多变的机器人作业环境，向更大、更宽广的制造与非制造业进军。我国的工业机器人研制虽然起步晚，但是有着广阔的市场潜力，有着众多的人才和资源。

　　本书从实用性出发，聚焦 ABB 工业机器人在产品包装中的实际应用，并结合工业机器人相关职业技能等级证书技能操作要求，通过搬运、装箱、码垛、拆垛和分拣 5 个典型的应用案例，体现了工业机器人技术的应用特点。本书利用 ABB 工业机器人强大的虚拟仿真软件 RobotStudio 搭建虚拟工作站，学习各类产品包装典型的工作站搭建、机器人配置、调试和编程，解决了在没有工业机器人本体和外围设备的情况下，完成工业现场具体任务的问题，书中的任务对象大多来自工业生产实践，真实再现了产品包装生产现场的情境。

　　本书由管小清、吕世霞和常青著。具体分工：北京电子科技职业学院的管小清负责第 1 章和第 2 章，天津商业大学的常青负责第 3 章和第 4 章，北京电子科技职业学院的吕世霞负责第 5 章和第 6 章。本书的再版得到北京市教育科学"十三五"规划 2020 优先关注课题"'1+X 证书'制度建设中技能评价方法研究（立项编号：CEDA2020010）"资助。

　　本书提供相应工作站文件，请用手机扫描下面的二维码下载。

　　本书的内容适合从事工业机器人相关工作的技术人员使用，并可作为工业机器人相关职业技能等级证书取证考试的辅助教材。由于作者的水平有限，难免出现疏漏，欢迎广大读者提出宝贵意见和建议。

作　者

目录

前言

第1章　工业机器人综述 1

1.1　工业机器人的发展 1

1.2　工业机器人的分类 2

1.3　工业机器人在包装行业的应用 4

1.4　本书中所使用的 ABB 工业机器人的主要型号与参数 6

1.5　安装工业机器人仿真软件 RobotStudio 13

1.6　本书知识点对接 1+X 工业机器人应用编程职业技能等级标准说明 16

第2章　平板玻璃搬运 17

2.1　学习目标 17

2.2　工作站描述 17

2.3　知识储备 18

　2.3.1　I/O 板卡设置 18

　2.3.2　数字 I/O 信号配置 21

　2.3.3　常用指令与函数 22

2.4　工作站实施 24

　2.4.1　解压工作站并仿真运行 24

　2.4.2　工业机器人 I/O 设置 27

　2.4.3　坐标系及载荷数据设置 40

　2.4.4　基准目标点示教 44

　2.4.5　程序解析 48

2.5　课后练习 50

第3章　婴儿奶粉装箱 51

3.1　学习目标 51

3.2　工作站描述 51

3.3　知识储备 53

　3.3.1　复杂程序数据赋值 53

　3.3.2　转弯半径的选取 53

　3.3.3　等待类指令的应用 54

　3.3.4　工业机器人速度相关设置 55

　3.3.5　CRobT 和 CJointT 读取当前位置功能 56

　3.3.6　数值除法运算函数 56

3.4   工作站实施 57
  3.4.1   解压工作站并仿真运行 57
  3.4.2   工业机器人 I/O 设置 59
  3.4.3   坐标系及载荷数据设置 72
  3.4.4   基准目标点示教 76
  3.4.5   程序解析 82
3.5   课后练习 88

第 4 章   瓶装矿泉水码垛 89
4.1   学习目标 89
4.2   工作站描述 89
4.3   知识储备 91
  4.3.1   轴配置监控指令 ConfL 91
  4.3.2   运动触发指令 TriggL 91
  4.3.3   中断程序的用法 92
  4.3.4   停止点数据 StoppointData 93
4.4   工作站实施 94
  4.4.1   解压工作站并仿真运行 94
  4.4.2   工业机器人 I/O 设置 96
  4.4.3   坐标系及载荷数据设置 110
  4.4.4   基准目标点示教 114
  4.4.5   程序解析 120
4.5   课后练习 130

第 5 章   行李箱拆垛 131
5.1   学习目标 131
5.2   工作站描述 131
5.3   知识储备 133
  5.3.1   信号组的设置 133
  5.3.2   数组的应用 133
  5.3.3   带参数的例行程序 133
  5.3.4   计时指令的应用 134
  5.3.5   人机交互指令的应用 135
5.4   工作站实施 135
  5.4.1   解压工作站并仿真运行 135
  5.4.2   工业机器人 I/O 设置 137
  5.4.3   坐标系及载荷数据设置 150
  5.4.4   基准目标点示教 156

　　　5.4.5　程序解析 162

　　5.5　课后练习 170

第 6 章　糕点输送线分拣 171

　　6.1　学习目标 171

　　6.2　工作站描述 171

　　6.3　知识储备 173

　　　6.3.1　输送线跟踪硬件构成 173

　　　6.3.2　工件坐标系数据结构 175

　　　6.3.3　跟踪参数 176

　　　6.3.4　跟踪常用指令 177

　　　6.3.5　跟踪 I/O 信号 178

　　6.4　工作站实施 179

　　　6.4.1　解压工作站并仿真运行 179

　　　6.4.2　工业机器人 I/O 设置 181

　　　6.4.3　坐标系及载荷数据设置 185

　　　6.4.4　编码器正负方向检测 191

　　　6.4.5　ConutsPerMeter 标定 192

　　　6.4.6　输送线基坐标系标定 194

　　　6.4.7　跟踪参数设置 195

　　　6.4.8　基准目标点示教 198

　　　6.4.9　程序解析 200

　　6.5　课后练习 205

参考文献 206

第1章　工业机器人综述

1.1　工业机器人的发展

工业机器人是面向工业领域的多关节机械手或多自由度的机器装置，它能自动执行工作，是靠自身动力和控制能力来实现各种功能的一种机器。它可以接受人类指挥，也可以按照预先编排的程序运行，现代的工业机器人还可以根据人工智能技术制定的原则纲领行动。

1954年美国戴沃尔最早提出了工业机器人的概念，并申请了专利，该专利的要点是借助伺服技术控制机器人的关节，利用人手对机器人进行动作示教，机器人能够实现动作的记录和再现，这就是所谓的示教再现机器人，现有的机器人差不多都采用这种控制方式。1959年Unimation公司的第一台工业机器人（图1-1）在美国诞生，开创了工业机器人发展的新纪元。

图1-1　Unimation公司的第一台工业机器人

1974年，瑞典通用电机公司（ASEA，ABB公司的前身）开发出世界上第一台全电力驱动、由微处理器控制的工业机器人IRB 6，如图1-2所示。IRB 6主要应用于工件的取放和物料的搬运，首台IRB 6运行于瑞典南部的一家小型机械工程公司。IRB 6采用仿人化设计，其手臂动作模仿人类的手臂，载重6kg [一]，5轴。IRB 6的S1控制器是第一个使用英特尔8位微处理器，内存容量为16KB。控制器有16个数字I/O接口，通过16个按键编程，并具有四位数的LED显示屏。

在1987年举办的第17届国际工业机器人研讨会上，来自15个国家的机器人组织成立了国际机器人联合会（International Federation of Robotics，IFR），如图1-3所示。IFR是一个非营利性的专业化组织，以推

图1-2　ABB公司的第一台工业机器人

[一]　应为kgf，为尊重行业习惯，本书仍以kg为负载的单位。

动机器人领域里的研究、开发、应用和国际合作为己任，在与机器人技术相关的活动中已成为一个重要的国际组织。IFR 的主要活动包括：对全世界机器人技术的使用情况进行调查、研究和统计分析，提供主要数据；主办年度国际机器人研讨会；协作制定国际标准；鼓励新兴机器人技术领域里的研究与开发；与其他的国家或国际组织建立联系并开展积极合作；通过与制造商、用户、大学和其他有关组织的合作，促进机器人技术的应用和传播。

目前全世界已拥有数百万台工业机器人忙碌在各个生产领域。我国近十年工业机器人的发展非常迅速，在 2013 年就已超过日本成为全球最大的工业机器人市场。我国工业机器人保有量在 2022 年达到 135.7 万台，预计 2025 年将达到 207.8 万台。尽管如此，我国机器人数量使用密度较发达国家而言依然较低，与世界平均水平的 55 台还有较大差距。从这个方面来看，我国工业机器人的市场需求依然广阔。

图 1-3　IFR

1.2　工业机器人的分类

工业机器人种类繁多，分类方法也不统一，可按照运动形态、运动轨迹、驱动方式、坐标形式（坐标形式是指操作机的手臂在运动时所取的参考坐标系的形式）来区分，其中按照坐标形式分为以下几类：

1. 直角坐标型工业机器人

直角坐标型工业机器人运动部分由三个相互垂直的直线移动（即 PPP）组成，其工作空间图形为长方形，如图 1-4 所示。它在各个轴向的移动距离，可在各个坐标轴上直接读出，直观性强，易于位置和姿态的编程计算，定位精度高，控制无耦合，结构简单，但机体所占空间体积大，动作范围小，灵活性差，难与其他工业机器人协调工作。

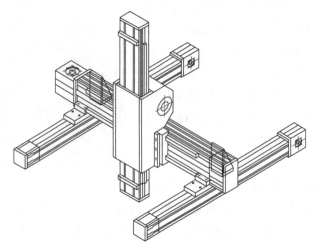

图 1-4　直角坐标型工业机器人示意图

2. 圆柱坐标型工业机器人

圆柱坐标型工业机器人运动形式是通过一个转动和两个移动组成的运动系统来实现的，其工作空间图形为圆柱，与直角坐标型工业机器人相比，在相同的工作空间条件下，机体所占体积小，而运动范围大，其位置精度仅次于直角坐标型工业机器人，难与其他工业机器人协调工作，如图 1-5 所示。

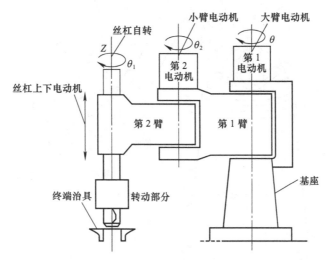

图 1-5　圆柱坐标型工业机器人示意图

3. 球坐标型工业机器人

球坐标型工业机器人又称为极坐标型工业机器人，其手臂的运动由两个转动和一个直线移动（即 RRP，一个回转，一个俯仰和一个伸缩运动）所组成，其工作空间为一球体，它可以做上下俯仰动作并能抓取地面上或较低位置的工件，其位置精度高，位置误差与臂长成正比，如图 1-6 所示。

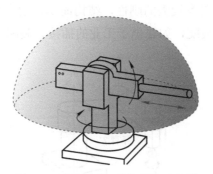

图 1-6　球坐标型工业机器人示意图

4. 多关节型工业机器人

多关节型工业机器人又称为回转坐标型工业机器人，这种工业机器人的手臂与人体上肢类似，其前三个关节是回转副（即 RRR），如图 1-7 所示。该工业机器人一般由立柱和大小臂组成，立柱与大臂间形成肩关节，大臂和小臂间形成肘关节，可使大臂做回转运动和俯仰摆动，小臂做仰俯摆动。其结构最紧凑，灵活性大，占地面积最小，能与其他工业机器人协调工作，但位置精度较低，有平衡问题，控制耦合。现在这种工业机器人的应用越来越广泛。

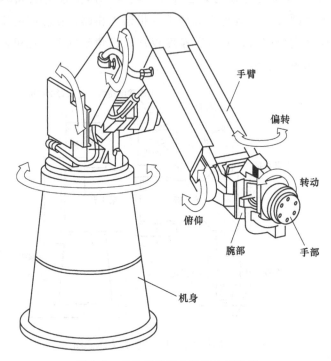

图1-7　多关节型工业机器人示意图

5. 平面关节型工业机器人

平面关节型工业机器人采用一个移动关节和两个回转关节（即PRR），移动关节实现上下运动，而两个回转关节则控制前后、左右运动，如图1-8所示。这种形式的工业机器人又称为装配机器人（SCARA，Selective Compliance Assembly Robot Arm）。它在水平方向具有柔顺性，在垂直方向有较大的刚性，结构简单，动作灵活，多用于装配作业中，特别适合小规格零件的插接装配，如在电子工业的插接、装配中应用广泛。

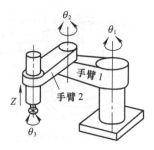

图1-8　平面关节型工业机器人示意图

1.3　工业机器人在包装行业的应用

工业机器人在包装工程领域中的应用已有很长的历史，其中最为成熟的是搬运、分拣、装箱、码垛、拆垛应用。它主要用于体积大而笨重物件的搬运；人体不能接触的洁净产品的包装，如食品、药品；对人体有害的化工原料的包装等。随着机器人技术的成熟和产业化的实现，使得包装工程领域中工业机器人的应用范围越来越广。

1. 搬运应用

工业机器人在搬运场景的应用如图 1-9 所示。

a）太阳能板搬运　　　　　　　　b）轮毂搬运

图 1-9　工业机器人在搬运场景的应用

2. 分拣应用

工业机器人在分拣场景的应用如图 1-10 所示。

a）电子产品分拣　　　　　　　　b）食品分拣

图 1-10　工业机器人在分拣场景的应用

3. 装箱应用

工业机器人在装箱场景的应用如图 1-11 所示。

a）牛奶包装箱　　　　　　　　b）日化品装箱

图 1-11　工业机器人在装箱场景的应用

4. 码垛应用

工业机器人在码垛场景的应用如图 1-12 所示。

a）油品箱码垛 　　　　　　　　　b）饲料袋码垛

图 1-12　工业机器人在码垛场景的应用

5. 拆垛应用

工业机器人在拆垛场景的应用如图 1-13 所示。

图 1-13　工业机器人在拆垛场景的应用

1.4　本书中所使用的 ABB 工业机器人的主要型号与参数 ————

本书中的案例主要使用 ABB 的三款工业机器人 IRB 4600、IRB 6700 和 IRB 360。下面介绍这三款工业机器人的主要参数。

1. IRB 4600 系列工业机器人

IRB 4600（图 1-14）是 ABB 工业机器人家族的最新成员。IRB 4600 的机型采用优化设计，对目标应用具备出众的适应能力。其纤巧的机身使生产单元布置得更紧凑，实现产能与质量双提升，推动生产效率跃上新台阶。

图 1-14 IRB 4600 工业机器人

（1）IRB 4600 的特点

1）精度至高。IRB 4600 的精度为同类产品之最，其操作速度更快，废品率更低，在扩大产能、提升效率方面可发挥重要的作用，尤其适合切削、点胶、机械加工、测量、装配及焊接应用。此外，该工业机器人采用"所编即所得"的编程机制，尽可能缩短了编程时间和周期时间。在任何应用场合下，当新程序或新产品上线时，上述编程性能均有助于最大限度地加快调试过程、缩短停线时间。

2）周期至短。IRB 4600 采用创新的优化设计，机身紧凑轻巧，加速度达到同类最高，结合其超快的运行速度，所获周期时间与行业标准相比最短可缩减 25%。操作中，工业机器人在避绕障碍物和跟踪路径时，可始终保持最高加速度，从而提高产能与效率。

3）范围超大。IRB 4600 超大的工作范围，能实现到达距离、周期时间、辅助设备等诸方面的综合优化。该工业机器人可灵活采用落地、斜置、半支架、倒置等安装方式，为模拟最佳工艺布局提供了极大便利。

4）机身纤巧。IRB 4600 占地面积小、轴 1 转座半径短、轴 3 后方肘部纤细、上下臂小巧、手腕紧凑，这些特点使其成为同类产品中最"苗条"的一款工业机器人。在规划生产单元的布局时，IRB 4600 可以与机械设备靠得更近，从而缩小整个工作站的占地面积，提高单位面积产量，推升工作效率。

5）防护周密。ABB 工业机器人的防护能力居业内领先水平，IRB 4600 的防护保障措施有：Foundry Plus 系统达到 IP 67 防护等级标准，涂覆耐蚀涂层，采用防锈安装法兰，工业机器人后部固定电缆防熔融金属飞溅，以及底脚地板电缆接口加设护盖等。

6）随需应变。性能优异的 IRBP 变位机、IRBT 轨迹运动系统和电动机系列产品，从各个方面增强了 IRB 4600 对目标应用的适应能力。运用 RobotStudio（以"订阅"模式提供）及 PowerPac 功能组（按应用提供），可通过模拟生产工作站找准工业机器人的最佳位置，并实现离线编程。

（2）IRB 4600 系列工业机器人的工作范围 IRB 4600 系列工业机器人的工作范围如图 1-15 所示。

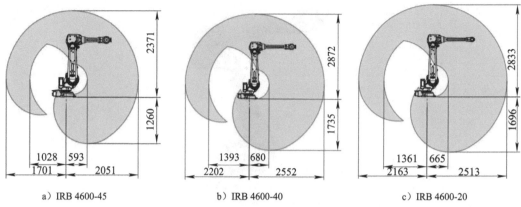

a) IRB 4600-45　　　　b) IRB 4600-40　　　　c) IRB 4600-20

图 1-15　IRB 4600 系列工业机器人的工作范围

（3）IRB 4600 系列工业机器人的规格　IRB 4600 系列工业机器人的规格见表 1-1。

表 1-1　IRB 4600 系列工业机器人的规格

型　号	到达距离 /m	有效载荷 / kg	手臂载荷 / kg
IRB4600-45	2.05	45	20
IRB4600-40	2.55	40	20
IRB4600-20	2.51	20	11

（4）IRB 4600 系列工业机器人的性能特点　IRB 4600 系列工业机器人的性能特点见表 1-2。

表 1-2　IRB 4600 系列工业机器人的性能特点

轴　数	6+3（配备 MultiMove 功能最多可达 36 轴）
防　护	标准 IP67，Foundry Plus
安装方式	落地 / 倾斜或倒置
重复定位精度（RP）	0.05 ～ 0.06mm
重复路径精度（RT）	0.13 ～ 0.46mm（测量速度 250m/s）

（5）IRB 4600 系列工业机器人轴的工作范围和最大速度　IRB 4600 系列工业机器人轴的工作范围和最大速度见表 1-3。

表 1-3　IRB 4600 系列工业机器人轴的工作范围和最大速度

轴 运 动	工作范围 /（°）	最大速度 /[（°）/s]
轴 1 旋转	−180 ～ 180	175
轴 2 手臂	−90 ～ 150	175
轴 3 手臂	−180 ～ 75	165
轴 4 手腕	−400 ～ 400	250
轴 5 弯曲	−125 ～ 120	250
轴 6 翻转	−400 ～ 400	360

（6）环境要求　IRB 4600 系列工业机器人对工作环境的要求见表1-4。

表1-4　IRB 4600 系列工业机器人对工作环境的要求

运行中温度 /℃	5～45（41～122 ℉）
运输与储存时温度 /℃	−25～55（−13～131 ℉）
短期最高温度 /℃	70（158 ℉）
相对湿度（%）	最高 95
安　全　性	安全停、紧急停；通道安全回路监测；位启动装置
辐　　射	EMC/EMI 屏蔽

（7）IRB 4600 的载荷　图 1-16 所示为 IRB 4600 的载荷关系图。其中，Z 为安装工具的重心沿 Z 轴到第六轴法兰盘中心的距离，L 为安装工具的重心到 Z 轴的距离。为保证机械臂在带载后仍可以保证运动的稳定性和准确性，随着载荷的增大，要求载荷重心必须更接近第六轴法兰盘的中心。

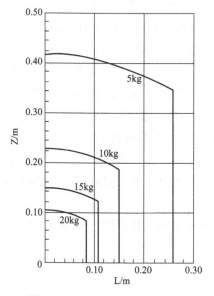

图 1-16　IRB 4600 载荷关系图

2. IRB 6700 系列工业机器人

（1）IRB 6700 系列工业机器人的特点　IRB 6700 系列工业机器人是一种大型工业机器人，是同级相似产品中性能最佳的工业机器人，其结构刚性更好、无故障运行时间更长，在提升性能的同时简化了维修。IRB 6700 系列工业机器人不仅在精确度、负载和速度方面大幅超越之前的同级别产品，同时功耗降低了 15%，最小故障间隔时间达到 400000h。IRB 6700 系列工业机器人的负载为 150～300kg，工作范围为 2.6～3.2m，能适应汽车和一般工业中的各种任务。IRB 6700 系列工业机器人如图 1-17 所示。

图 1-17　IRB 6700 系列工业机器人

　　随着新一代精准、高效且可靠的电动机和紧凑型齿轮箱的应用，IRB 6700 从制造环节起便更具质量保障。整个工业机器人结构刚性更好，从而使精度提升、节拍时间缩短且防护增强。它能够适应最严酷的工作环境，并可采用 ABB 终极 Foundry Plus 2 保护系统。为确保在实际应用中对可靠性的预测准确无误，IRB 6700 定型阶段采用比以往更多的原型机，对各类实际应用进行全面的验证和检测。其新技术表现在以下几方面：

　　1）简化维修。在对新工业机器人进行设计时，提高可维护性被认为是改善总体拥有成本（TCO）的关键因素。优秀的设计成果缩短了检修时间并使维修工序得到优化。现在，ABB 技术员平均只需 20min 即可完成年度检修；此外，平均维修时间缩短了 15%。

　　2）软件支持维护。采用具有图形化和 3D 模拟界面的维护支持软件"Simstructions"，为维修工序提供了易于理解的文档支持，也使电动机的维护可达性得到直观演示。

　　3）采用 LeanID 技术。IRB 6700 系列每款工业机器人的设计均适用 LeanID（一种最新的紧凑集成配线缆包技术解决方案），其目的旨在通过将 Dress Pack 的最外部组件集成到工业机器人内部，达到成本与可靠性之间的平衡。为 IRB 6700 配备 LeanID，使得电缆动作易于预测，简化了编程和仿真。

　　（2）IRB 6700 系列工业机器人的工作范围　以 IRB 6700-200 工业机器人为例，其工作范围如图 1-18 所示。

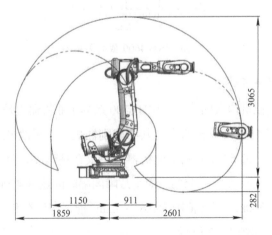

图 1-18　IRB 6700-200 工业机器人的工作范围

（3）IRB 6700 系列工业机器人的规格　IRB 6700 系列工业机器人的规格见表1-5。

表1-5　IRB 6700 系列工业机器人的规格

IRB 6700 系列工业机器人规格	工作范围 / m	负载能力 / kg	重心 / mm	手腕转矩 / N·m
IRB 6700-200	≤ 2.60	200	300	981
IRB 6700-155	≤ 2.85	155	300	927
IRB 6700-235	≤ 2.65	235	300	1324
IRB 6700-205	≤ 2.80	205	300	1263
IRB 6700-175	≤ 3.05	175	300	1179
IRB 6700-150	≤ 3.20	150	300	1135

表1-5 所示 IRB 6700 系列工业机器人均可额外增加负载，如 IRB 6700-200，其上臂负载可增加 50kg，第 1 轴框架负载变为 250kg。

（4）IRB 6700 系列工业机器人的技术参数　以 IRB 6700-200 工业机器人为例，其技术参数见表1-6。

表1-6　IRB 6700-200 工业机器人的技术参数

重复定位精度 RP / mm	0.05	短时间耐温 /℃	最高 70
轨迹重复精度 RT/ mm	0.06	连续工作时间 / h	最长 24
电源电压 / V	200 ～ 600，50/60Hz	相对湿度（%）	最高 95
功耗 / kW	ISO-Cube 2.85	噪声水平 /dB	最高 71
工业机器人底座尺寸 $\frac{长}{mm} \times \frac{宽}{mm}$	1004×720	安全性	带监控、急停和安全功能的双回路，3 位启动装置
重量 / kg	1170 ～ 1280	抗辐射措施	EMC/EMI 屏蔽
运行中工作环境温度 /℃	5 ～ 50	可选项	Foundry Plus 2, LeanID
运输及仓储中环境温度 /℃	25 ～ 55		

（5）IRB 6700 系列工业机器人各轴的动作情况　以 IRB 6700-200 工业机器人为例，其各轴的动作情况见表1-7。

表1-7　IRB 6700-200 系列工业机器人的各轴动作情况

轴运动	工作范围 /（°）	轴最大速度 /[（°）/s]
轴 1 旋转[①]	−170 ～ 170	110
轴 2 手臂	−65 ～ 85	110
轴 3 手臂	−180 ～ 70	110
轴 4 手腕	−300 ～ 300	190
轴 5 弯曲[②]	−130 ～ 130	150
轴 6 转动[③]	−360 ～ 360	210

① 选项 ±220°。

② ±120°（LeanID 选项）。

③ ±220°（LeanID 选项）。

3. IRB 360 系列工业机器人

（1）IRB 360 系列工业机器人的特点　ABB 的 IRB 360 FlexPicker 拾料和包装技术一直

处于领先地位。与传统的硬自动化相比，IRB 360系列工业机器人（图1-19）在保持精度和高负载的同时，在紧凑的占地面积中展现了更高的柔性。

ABB的IRB 360系列工业机器人通常称为FlexPicker，适用于快速拣选应用，并针对包装应用进行了优化。

IRB 360系列工业机器人的有效负载为1kg、3kg、6kg和8kg，工作范围可达到800mm、1130mm和1600mm，可满足各种需求。

IRB 360系列工业机器人运动控制性能强、精度高、节拍时间短。无论是在狭小还是宽阔的空间内，IRB 360

图1-19　IRB 360系列工业机器人

系列工业机器人都能以紧密容差高速运行。重新设计的工具法兰有利于每个FlexPicker容纳更大的夹具，允许在输送带上高速处理流动包装产品。

PickMaster™软件便于操作，已经成为IRB 360系列工业机器人集成商和用户的得力助手。它简化了系统配置，同时为提升高速拾料效率提供必要的应用工具。IRC5控制柜稳定性强，是FlexPicker™机器人解决方案中不可或缺的一部分。IRC5控制柜配备TrueMove™和QuickMove™功能，确保运行速度和路径精度更优，可实现工业机器人对快速传送带的高精度跟踪。面板嵌入型IRC5控制柜除显著节省空间以外，更为其集成到机械设备与生产线创造了便利条件。

用于食品搬运应用的金属部件经过IP69K验证，可以用工业洗涤剂和高压热水冲洗。这款工业机器人的表面平滑，易冲洗，免润滑的关节处具有很强的耐腐蚀性。

（2）IRB 360系列工业机器人的工作范围　IRB 360系列工业机器人的工作范围如图1-20所示。

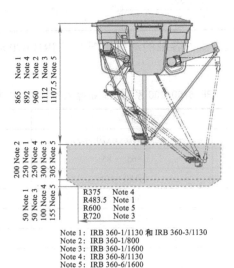

Note 1：IRB 360-1/1130 和 IRB 360-3/1130
Note 2：IRB 360-1/800
Note 3：IRB 360-1/1600
Note 4：IRB 360-8/1130
Note 5：IRB 360-6/1600

图1-20　IRB 360系列工业机器人的工作范围

（3）IRB 360系列工业机器人的规格　IRB 360系列工业机器人的规格见表1-8。

表 1-8　IRB 360 系列工业机器人的规格

IRB 360 系列工业机器人规格	工作直径 /mm	负载能力 / kg	轴数
IRB 360-1/800	800	1	3
IRB 360-1/1130	1130	1	3/4
IRB 360-3/1130	1130	3	3/4
IRB 360-1/1600	1600	1	4
IRB 360-6/1600	1600	6	4
IRB 360-8/1130	1130	8	4

（4）IRB 360 系列工业机器人的技术参数　以 IRB 360-1/1130 工业机器人为例，其技术参数见表 1-9。

表 1-9　IRB 360-1/1130 工业机器人的技术参数

重复定位精度 RP / mm	0.1	上臂额外负载 / g	350
角度定位重复精度（°）	0.4	连续工作时间 / h	最长 24
电源电压 / V	200 ～ 600，50/60Hz	相对湿度（%）	最高 95
功耗 / kW	0.477	噪声水平 / dB	最高 71
工业机器人安装方式	倒置	安全性	带监控、急停和安全功能的双回路，3 位启动装置
重量 / kg	120	抗辐射措施	EMC/EMI 屏蔽
运行中工作环境温度 /℃	0 ～ 45		

到目前为止，ABB 工业机器人有二十几种类型、上百种规格。在选择使用时，可参考 ABB 工业机器人的产品手册。

1.5　安装工业机器人仿真软件 RobotStudio

1. RobotStudio 6.08.01 下载方式

本书以 ABB 工业机器人 RobotStudio 6.08.01 为对象，可通过以下途径下载。

1. 在微信中搜索公众号"叶晖 yehui"，也可以用微信扫描二维码进行关注。

2. 在"叶晖 yehui"的公众号中，单击"教材课件"就可下载。

2. 安装 RobotStudio 6.08.01

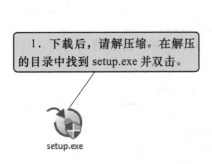

1. 下载后，请解压缩。在解压的目录中找到 setup.exe 并双击。

setup.exe

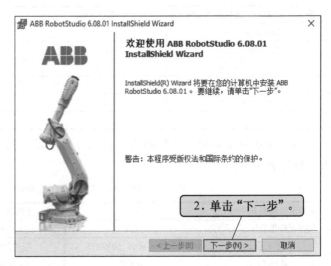

2. 单击"下一步"。

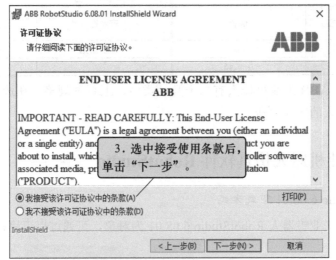

3. 选中接受使用条款后，单击"下一步"。

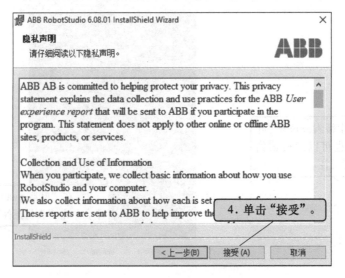

4. 单击"接受"。

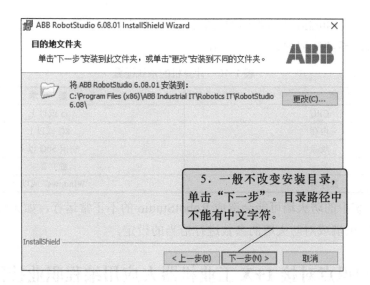

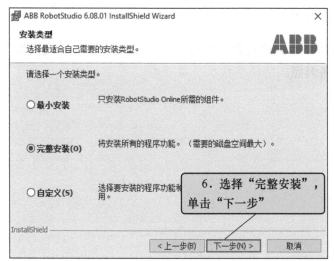

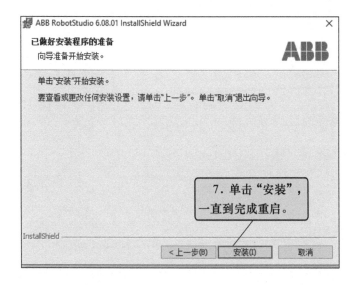

为了确保 RobotStudio 能够正确的安装，应注意以下的事项：

1）计算机的系统配置建议见表 1-10。

表 1-10　计算机的系统配置

硬　件	要　求
CPU	i5 或以上
内存	8G 或以上
硬盘	空闲 50G 以上
显卡	独立显卡
操作系统	Windows7 或以上

2）操作系统中的防火墙可能会造成 RobotStudio 的不正常运行，如无法连接虚拟控制器，建议关闭防火墙或对防火墙的参数进行恰当的设定。

1.6　本书知识点对接 1+X 工业机器人应用编程职业技能等级标准说明

本书中的项目所要用到的机器人技能知识点可以与 1+X 工业机器人应用编程职业技能等级标准进行参考对照。

第 2 章　平板玻璃搬运

2.1　学习目标

通过本机器人工作站的介绍，读者可学习如下知识：

- ○　搬运工作站的构成
- ○　工业机器人 I/O 通信设置
- ○　搬运类工具坐标系、有效载荷设置
- ○　常用运动指令使用
- ○　常用信号设置、指令运用
- ○　偏移函数 Offs 运用
- ○　搬运程序的编写技巧

2.2　工作站描述

工业机器人在搬运领域中有着广泛的应用，可以代替人力完成大量的重复性工作，小到电子零部件，大到汽车车身，均可使用工业机器人进行搬运处理，降低劳动强度，特别适合一些物料数量多或重量大或体积大的搬运场合。

本工作站以平板玻璃搬运为例，利用 ABB 公司的 IRB 6700 工业机器人将玻璃从生产线搬运至立式清洗机上，以便完成后续的玻璃清洗工作，如图 2-1 所示。

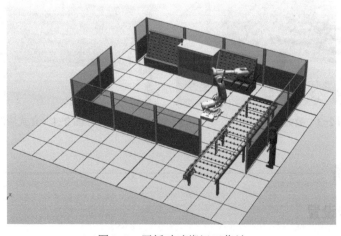

图 2-1　平板玻璃搬运工作站

1. 玻璃输送链

此输送链对接玻璃生产线前端的生产设备，将玻璃传送至输送链末端，并且在末端设置有传感器，用来检测玻璃是否到位，到位后将信号传送至机器人系统，则工业机器人进行下一步玻璃拾取的处理，如图2-2所示。

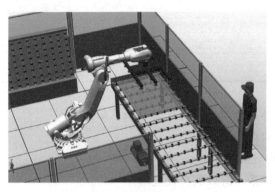

图2-2 玻璃输送链

2. 吸盘工具

工业机器人末端法兰盘装有吸盘工具，利用真空发生器产生真空，对玻璃进行拾取处理，工业机器人利用输出信号控制真空的产生与关闭，从而实现对玻璃的拾取与释放，如图2-3所示。

3. 立式清洗机

工业机器人将玻璃搬运至立式清洗机上料侧，通过传送装置进入清洗工位，完成清洗后，玻璃被传送至下料侧。本工作站只截取了上料侧工业机器人搬运处理，在真实应用中下料侧一般也使用工业机器人，将清洗完成后的玻璃搬运至玻璃周转架上，如图2-4所示。

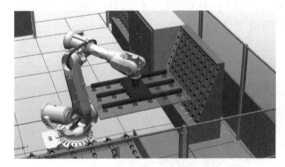

图2-3 吸盘工具

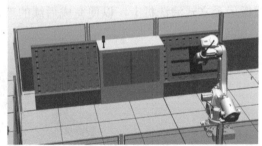

图2-4 立式清洗机

2.3 知识储备

2.3.1 I/O 板卡设置

ABB标准I/O板卡下挂在DeviceNet总线上面，常用型号有DSQC 651（8个数字输入、

8 个数字输出、2 个模拟输出），DSQC 652（16 个数字输入、16 个数字输出），如图 2-5、
图 2-6 所示。

　　I/O 板卡总线地址设置：ABB 提供的标准 I/O 通信板卡通过总线接口 X5 与 DeviceNet
总线进行通信，地址由总线接头上的地址针脚编码生成。如图 2-7 所示，在 DSQC 651
板卡的 DeviceNet 总线接头中，剪断了 8 号、10 号地址针脚，则其对应的总线地址为
2+8=10。

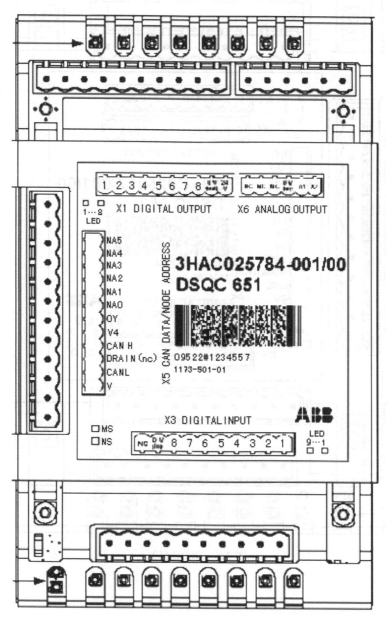

图 2-5　DSQC 651

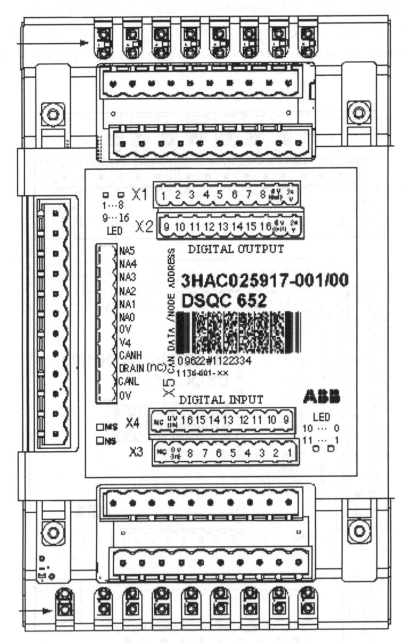

图 2-6 DSQC 652

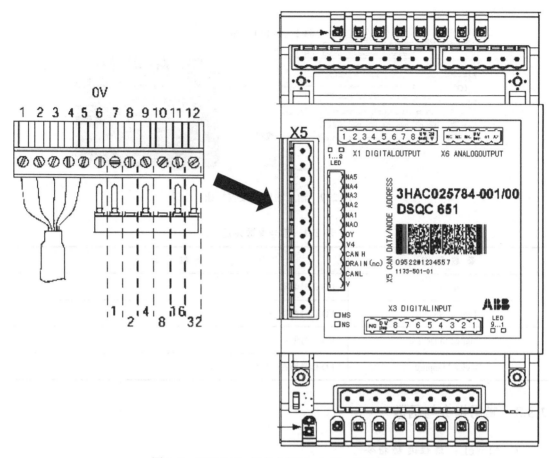

图 2-7 DSQC 651 板卡上的 DeviceNet 总线接头

2.3.2 数字 I/O 信号配置

1）数字输出信号接线示例如图 2-8 所示，利用输出端口 1 控制指示灯发光。

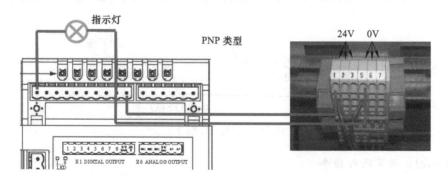

图 2-8 输出端口 1 控制指示灯发光

2）数字输入信号接线示例如图 2-9 所示，利用输入端口 1 接收按钮状态。

在机器人系统中创建一个数字 I/O 信号，至少需要设置四项参数，具体见表 2-1。

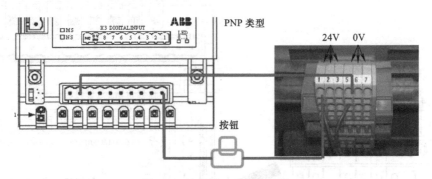

图 2-9 输入端口 1 接收按钮

表 2-1 信号参数设定

参 数 名 称	参 数 说 明
Name	I/O 信号名称
Type of Signal	I/O 信号类型
Assigned to Device	I/O 信号所在 I/O 单元
Device Mapping	I/O 信号所占用地址

2.3.3 常用指令与函数

1. MoveL：线性运动指令

将工业机器人 TCP 沿直线运动至给定目标点；适用于对路径精度要求高的场合，如切割、涂胶等。

> MoveL p20, v1000, z10, tool1 \WObj:=wobj1;

如图 2-10 所示，工业机器人 TCP 从当前位置 p10 处运动至 p20 处，运动轨迹为直线。

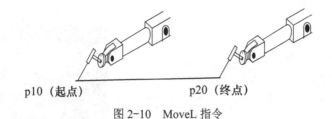

p10（起点）   p20（终点）

图 2-10 MoveL 指令

2. MoveJ：关节运动指令

将工业机器人 TCP 快速移动至给定目标点，运行轨迹不一定是直线。

> MoveJ p20, v1000, z10, tool1 \WObj:=wobj1;

如图 2-11 所示，工业机器人 TCP 从当前位置 p10 运动至 p20，运动轨迹不一定为直线。

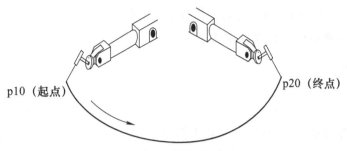

图 2-11 MoveJ 指令

3. MoveC：*圆弧运动指令*

将工业机器人 TCP 沿圆弧运动至给定目标点。

```
MoveL p10, v1000, z10, tool1 \WObj:=wobj1;
MoveC p20, p30,v1000, z10, tool1 \WObj:=wobj1;
```

如图 2-12 所示，工业机器人以当前位置 p10 作为圆弧的起点，p20 是圆弧上的一点，p30 作为圆弧的终点。

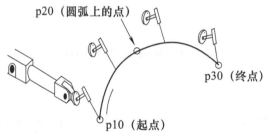

图 2-12 MoveC 指令

4. MoveAbsj：*绝对运动指令*

将工业机器人各关节轴运动至给定位置。

```
PERS jointarget jpos10:=[[0,0,0,0,0,0],[9E+09,9E+09,9E+09,9E+09,9E+09,9E+09]];
MoveAbsj  jpos10,v1000, z50, tool1 \WObj:=wobj1;
```

关节目标点数据中各关节轴为 0°，则工业机器人运行至各关节轴 0° 位置。

5. Set：*将数字输出信号置为 1*

```
Set do1;
```

将数字输出信号 do1 置为 1。

6. Reset：*将数字输出信号置为 0*

```
Reset do1;
```

将数字输出信号 do1 置为 0。

7. WaitDI：*等待一个输入信号状态为设定值*

```
WaitDI Di1,1;
```

等待数字输入信号 Di1 为 1，之后才执行下面的指令。

8．IF：*满足不同条件，执行对应程序*

```
IF reg1 > 5 THEN
    Set do1;
ENDIF
```

如果 reg1>5 条件满足，则执行 Set do1 指令。

9．FOR：*根据指定的次数，重复执行对应程序*

```
FOR I FROM 1 TO 10 DO
    routine1;
ENDFOR
```

重复执行 10 次 routine1 里的程序。

10．WHILE：*如果条件满足，重复执行对应程序*

```
WHILE reg1 < reg2 DO
    reg1 := reg1 + 1;
ENDWHILE
```

如果变量 reg1<reg2 条件一直成立，则重复执行 reg1 加 1，直至 reg1<reg2 条件不成立为止。

11．Offs：*偏移功能*

以选定的目标点为基准，沿着选定工件坐标系的 X、Y、Z 轴方向偏移一定的距离。

```
MoveLOffs(p10, 0, 0, 10), v1000, z50, tool0 \WObj:=wobj1;
```

将工业机器人 TCP 移动至以 p10 为基准点，沿着 wobj1 的 Z 轴正方向偏移 10mm。

2.4 工作站实施

2.4.1 解压工作站并仿真运行

双击工作站压缩包文件"02_Package_Handling_608.rspag"，如图 2-13 所示。解压工作站软件的步骤如图 2-14 所示。

图 2-13 "02_Package_Handling_608.rspag" 压缩包

解包

欢迎使用解包向导

此向导将帮助你打开一个由 Pack & Go 生成的工作站打包文件。 控制器系统将在此计算机生成，备份文件（如果有的话）将自动恢复。

点击"下一步"开始。

1. 单击"下一个"

帮助　　　　取消(C)　< 后退　下一个 >

解包

选择打包文件

选择要解包的 Pack&Go 文件
?\Desktop\23_03_22升级完成待测试工作站\02_Package_Handling_6.08.rspag　浏览……

目标文件夹：
C:\Users\VP\Documents\RobotStudio\Solutions\02_Package_Handling_6.08　浏览……

☑ 解包到解决方案

⚠ 请确保 Pack & Go 来自可靠来源

2. 单击"下一个"

帮助　　　　取消(C)　< 后退　下一个 >

解包

控制器系统
设定系统 HandlingSys

RobotWare:　　　　　　　　位置……
6.08.01.00　　　　　　　∨　　☑ 自动恢复备份文件
原始版本：6.08.01.00
　　　　　　　　　　　　　　　☑ 复制配置文件到SYSPAR文件夹

3. 单击"下一个"

帮助　　　　取消(C)　< 后退　下一个 >

图 2-14　解压工作站软件

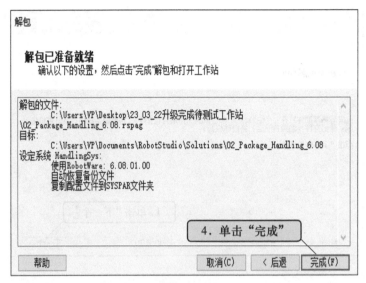

图 2-14　解压工作站软件（续）

　　单击"仿真"菜单中的"播放"，如图 2-15 所示，即可查看该机器人工作站的运行情况。

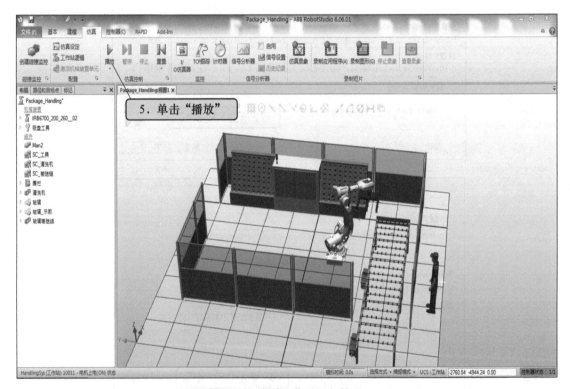

图 2-15　查看工作站运行情况

　　若想停止工作站的运行，可单击"仿真"菜单中的"停止"，如图 2-16 所示。

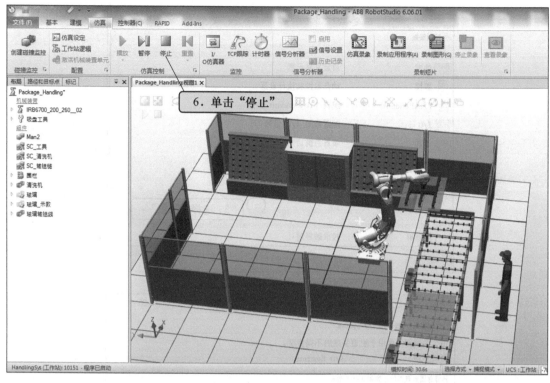

图 2-16　停止运行

2.4.2　工业机器人 I/O 设置

1）在此工作站中配置 1 个 DSQC 652 通信板卡（数字量 16 进 16 出），总线地址为 10。在示教器中单击"菜单"—"控制面板"—"配置"—"DeviceNet Device"，可查看该 I/O 板卡 Board10 的设置。具体操作如下：

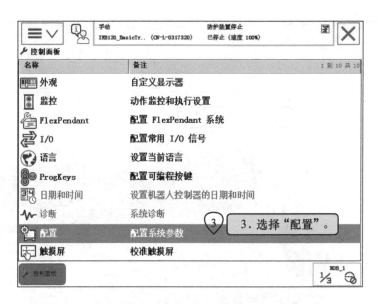

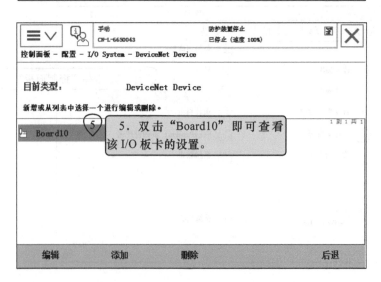

2）在系统中定义 DSQC 652 板卡，具体操作步骤如下：

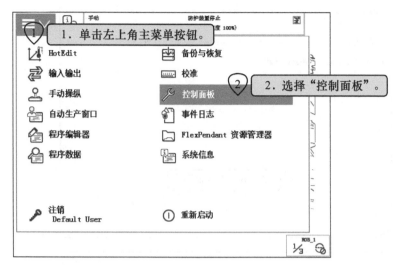

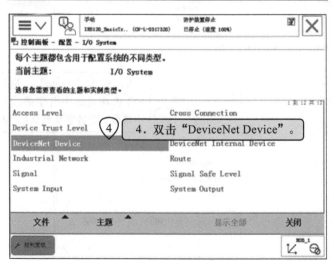

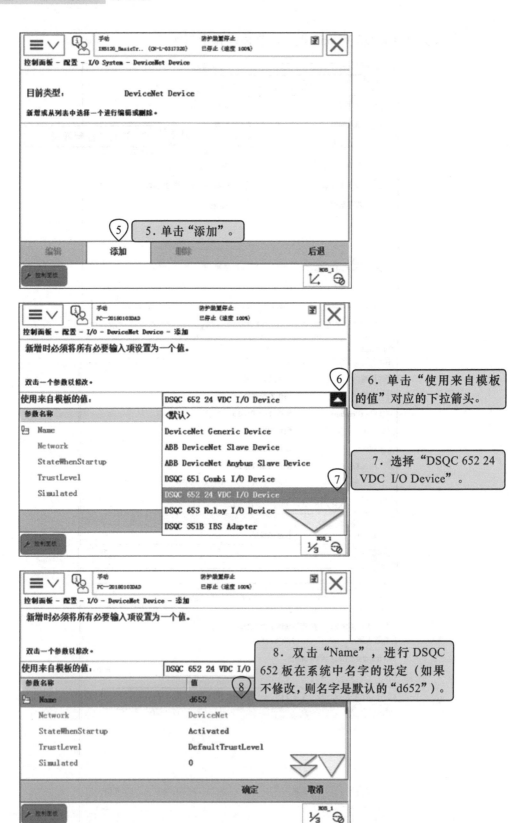

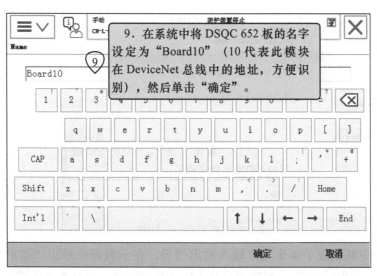

9. 在系统中将 DSQC 652 板的名字设定为"Board10"（10 代表此模块在 DeviceNet 总线中的地址，方便识别），然后单击"确定"。

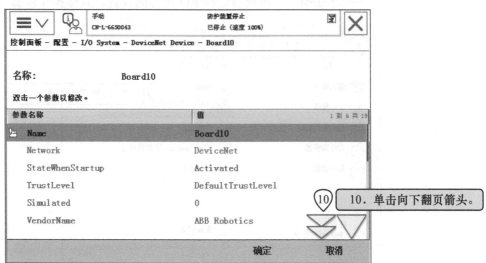

10. 单击向下翻页箭头。

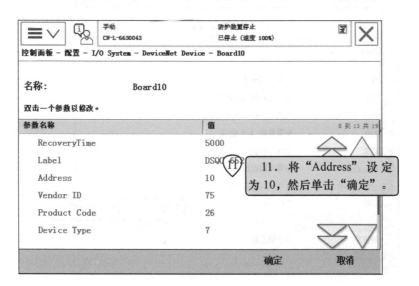

11. 将"Address"设定为 10，然后单击"确定"。

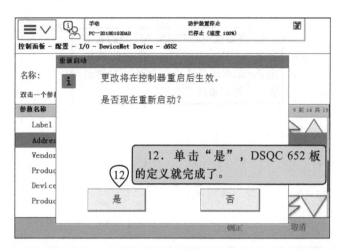

3）在此工作站中共设置了4个数字输入输出信号，在示教器中单击"菜单"—"控制面板"—"配置"—"Signal"，可查看这些I/O信号的设置。具体操作步骤如下：

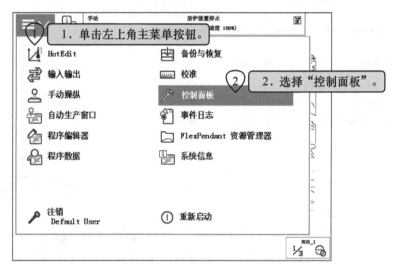

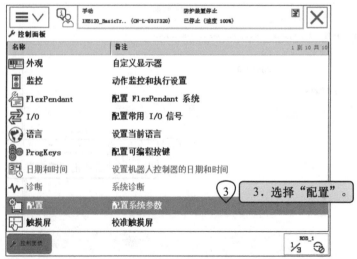

各 I/O 信号说明如下：

① doGrip：数字输出信号，用于控制吸盘工具系统真空开启与关闭，如图 2-17 所示。

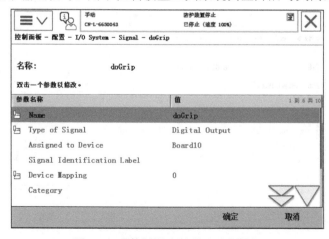

图 2-17　控制真空吸盘的开启与关闭

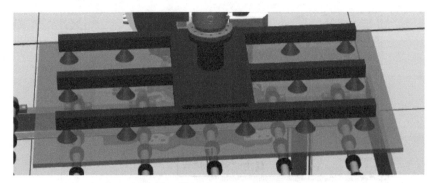

图 2-17 控制真空吸盘的开启与关闭（续）

② doplaceDone：将工业机器人输出信号传送至清洗机，玻璃放置完成确认信号，如图 2-18 所示。

图 2-18 确认玻璃放置完成

③ diGlassInPos：玻璃输送链末端检测玻璃到位信号，玻璃到达输送链末端之后才允许工业机器人来拾取玻璃，如图 2-19 所示。

图 2-19 工业机器人拾取玻璃

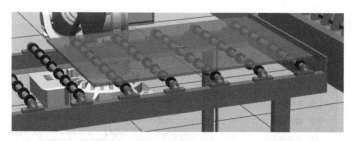

图 2-19　工业机器人拾取玻璃（续）

④ diGlassInMachine：立式清洗机上料侧检测玻璃到位信号，需保证上料侧无玻璃的情况下才允许工业机器人放置下一块玻璃，如图 2-20 所示。

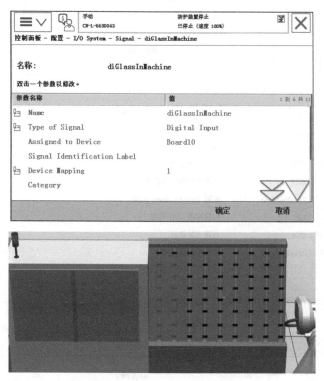

图 2-20　工业机器人放置玻璃

4）定义 I/O 信号。以定义 doGrip 为例，其他信号设置的方法与其相同。数字输出信号 doGrip 的相关参数见表 2-2。

表 2-2　数字输出信号 doGrip 的相关参数

参 数 名 称	设 定 值	说　明
Name	doGrip	设定数字输入信号的名字
Type of Signal	Digital Output	设定信号的类型
Assigned to Device	Board10	设定信号所在的 I/O 模块
Device Mapping	0	设定信号所占用的地址

其具体操作如下：

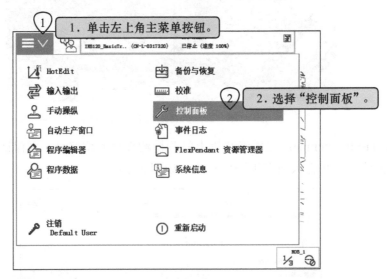

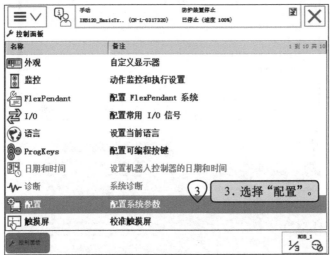

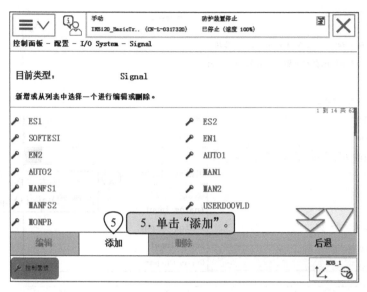

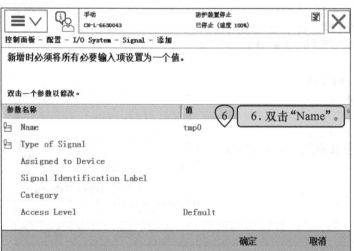

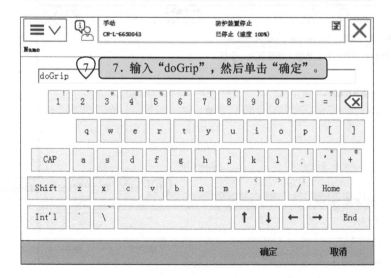

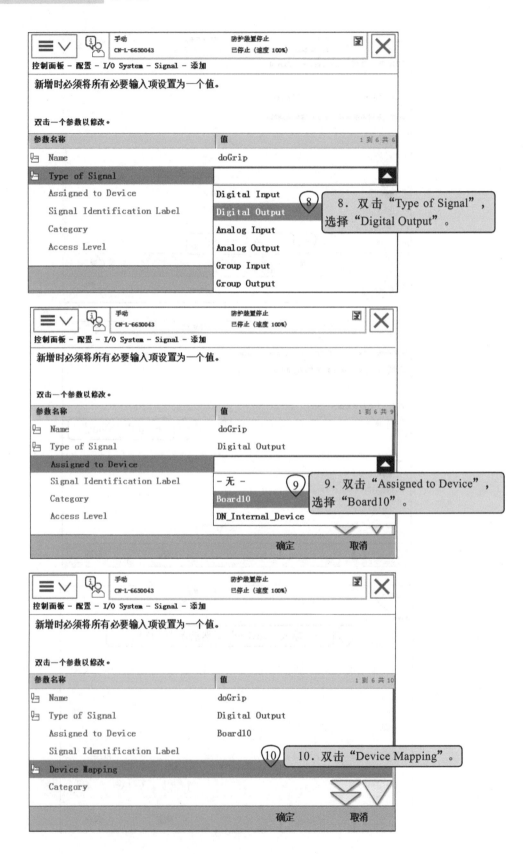

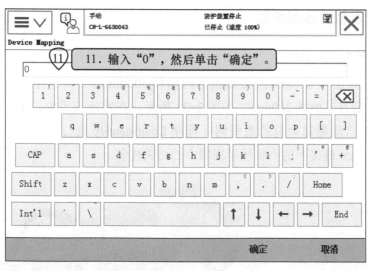

11. 输入 "0"，然后单击 "确定"。

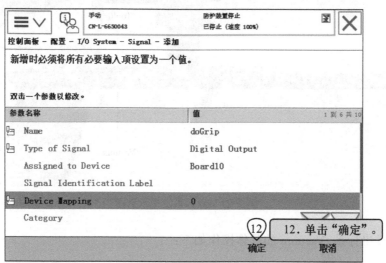

12. 单击 "确定"。

13. 单击 "是"，完成设定。

2.4.3 坐标系及载荷数据设置

1. 工具坐标系 tVacuum

沿着默认工具坐标系 tool0 的 Z 轴正方向偏移 300mm；工具本身负载 29kg，重心沿着 tool0 的 Z 轴正方向偏移 200mm，如图 2-21 所示。在实际应用中，工具本身负载可通过机器人系统中自动测算载荷的系统例行程序 LoadIdentify 进行测算，测算方法可参考 www.robotpartner.cn 链接中的中级教学视频中的相关内容。

图 2-21 坐标系定义示意图

设置工具坐标系 tVacuum 的具体操作如下：

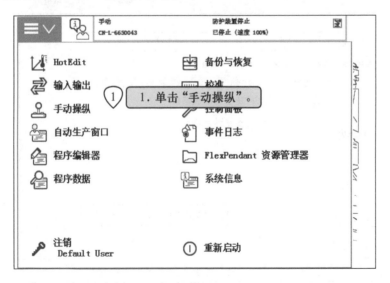

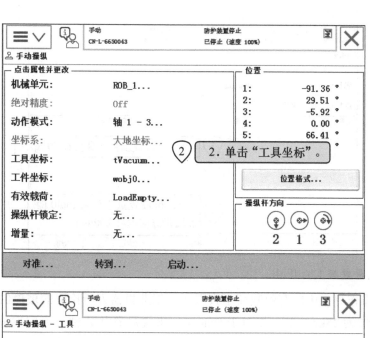

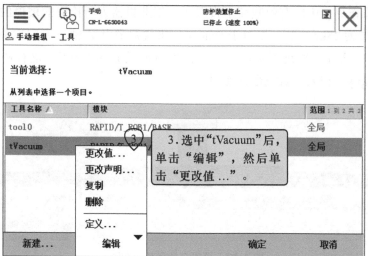

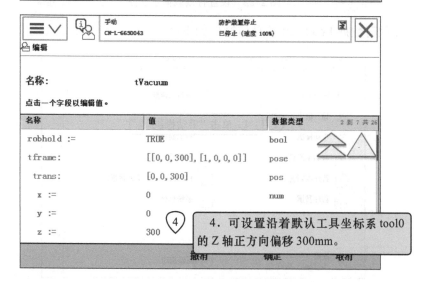

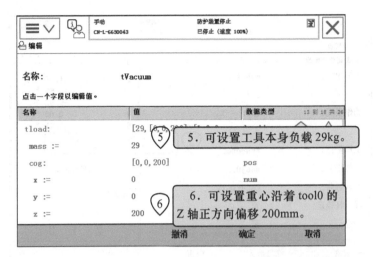

2. 有效载荷数据 LoadFull

可在手动操作界面中的有效载荷中查看到，工业机器人所拾取的玻璃的负载信息，当前玻璃本身重量为25kg，重心相对于 tVacuum 来说沿着其 Z 轴正方向偏移了10mm，如图 2-22 所示；在实际应用过程中，有效载荷也可通过 LoadIdentify 进行测算；此外，还设置了 LoadEmpty，作为空负载数据使用。

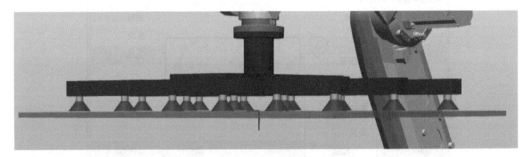

图 2-22　设置有效载荷示意图

设置有效载荷数据 LoadFull 的具体操作如下：

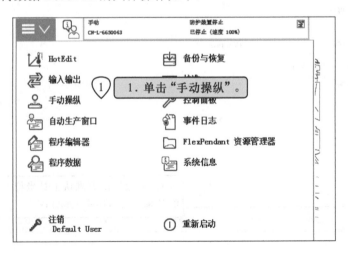

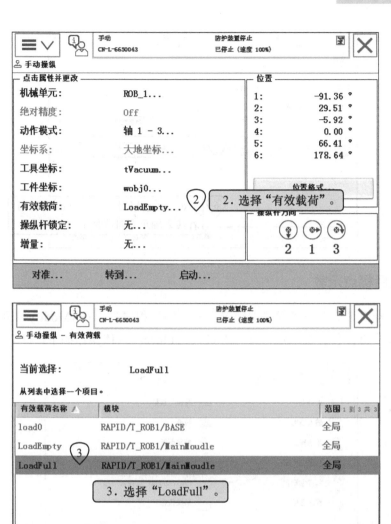

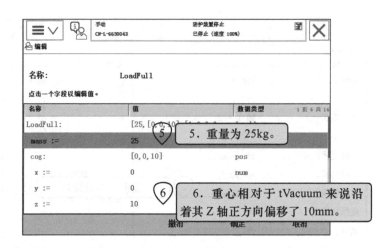

2.4.4 基准目标点示教

单击示教器"菜单"—"程序编辑器"—"例行程序",在 rModify 中可找到在此工作站中需要示教的 3 个基准:pHome、pPick 和 pPlace。具体操作如下:

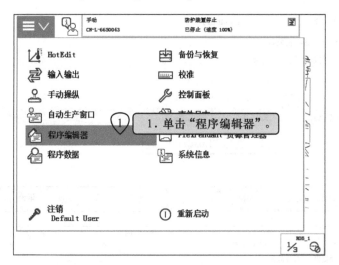

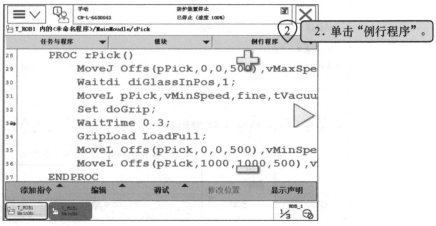

各基准点说明如下：

1. pHome

工业机器人工作等待位置，示教时使用工具坐标系 tVacuum、工件坐标系 Wobj0，如图 2-23 所示。

图 2-23 工件坐标系 Wobj0

2. pPick

拾取玻璃目标位置，位于玻璃输送链末端，示教时使用工具坐标系 tVacuum、工件坐标系 Wobj0。

在本工作站的输送链末端放置了一块玻璃，其默认为隐藏，可以在软件"基本"菜单左侧的"布局"窗口中找到"玻璃_示教"，右击，设为"可见"，如图 2-24 所示。

将工业机器人移至拾取位置示教完成后，可将此玻璃直接安装到吸盘工具上，模拟实际应用过程中的真空拾取效果，如图 2-25 所示。

图 2-24　选择玻璃示教

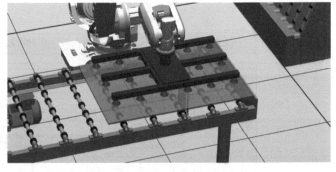

图 2-25　抓取玻璃示意图

右击"玻璃_示教"，单击"安装到"，选择"吸盘工具"，在弹出的对话框中，询问是否更新位置，单击"No"，如图 2-26 所示。

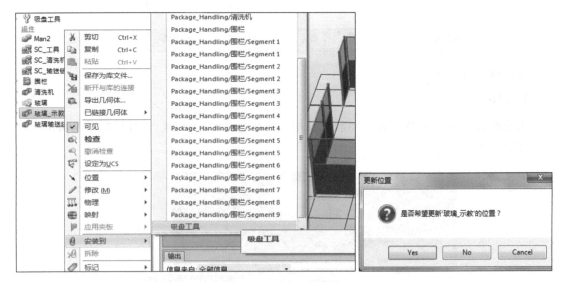

图 2-26　吸盘工具安装

3. pPlace

放置玻璃目标位置，位于立式清洗机上料侧，如图 2-27 所示；示教时使用工具坐标系 tVacuum、工件坐标系 Wobj0。

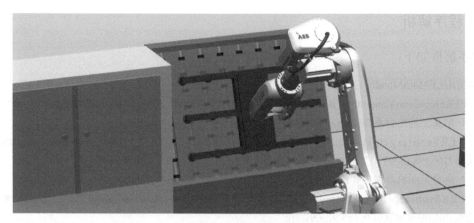

图 2-27 立式清洗机上料

示教完成后，将"玻璃_示教"从吸盘工具上拆除，右击"玻璃_示教"，单击"拆除"，在弹出的对话框中询问是否希望恢复位置，单击"Yes"，则该玻璃自动回到初始位置，如图 2-28 所示。

图 2-28 拆除吸盘工具

再次右击"玻璃_示教"，取消勾选"可见"，将此玻璃隐藏，如图 2-29 所示。

图 2-29 隐藏玻璃

2.4.5 程序解析

程序解析如下:

```
MODULEMainMoudle
    PERStooldatatVacuum:=[TRUE,[[0,0,300],[1,0,0,0]],[29,[0,0,200],[1,0,0,0],0,0,0]];
    ! 定义工具坐标系数据 tVacuum
    PERSrobtargetpHome:=[[-47.392538904,-824.478846975,1485.175],[0.000000639,
-0.707106398,0.707107165,0.00000057],[-2,-1,1,0],[9E9,9E9,9E9,9E9,9E9,9E9]];
    ! 定义工业机器人工作原位目标点
    PERSrobtargetpPick:=[[-47.392,-2000.673,985.175],[0,-0.707106781,0.707106781,0],
[-2,0,1,0],[9E9,9E9,9E9,9E9,9E9,9E9]];
    ! 定义工业机器人拾取玻璃位置目标点
    PERSrobtargetpPlace:=[[2350.591820595,43.218069608,948.087323863],[0.002543869,
-0.819128589,-0.001780662,-0.573601527],[0,-2,1,1],[9E9,9E9,9E9,9E9,9E9,9E9]];
    ! 定义工业机器人放置玻璃位置目标点
    PERSLoaddataLoadEmpty:=[0.001,[0,0,0.001],[1,0,0,0],0,0,0];
    ! 定义工业机器人空负载时的有效载荷数据，重量设为 0.001kg，可将其视为空载荷
    PERSLoaddataLoadFull:=[25,[0,0,10],[1,0,0,0],0,0,0];
    ! 定义工业机器人拾取玻璃后的有效载荷数据
PERSspeeddatavMaxSpeed:=[4000,400,5000,1000];
PERSspeeddatavMidSpeed:=[2000,400,5000,1000];
    PERSspeeddatavMinSpeed:=[600,400,5000,1000];
    ! 依次定义慢速、中速、快速三种速度数据，用于不同的运动过程


    PROCMain()
    ! 声明主程序
rInitAll;
    ! 程序起始位置调用初始化程序，用于复位工业机器人位置、信号、数据等
WHILE TRUE DO
    ! 采用 WHILE TRUE DO 无限循环结构，将工业机器人需要重复运行的动作与初始化程序隔离开


rPick;
    ! 调用拾取玻璃程序
rPlace;
    ! 调用放置玻璃程序
ENDWHILE
ENDPROC

    PROCrInitAll()
    ! 声明初始化程序
ResetdoGrip;
```

！复位吸盘工具真空动作信号

ResetdoPlaceDone;

！复位玻璃放置到位信号

MoveJpHome,vMidSpeed,fine,tVacuum\WObj:=wobj0;

！工业机器人位置复位，运动回工作原位 pHome 点

ENDPROC

PROCrPick()

　！声明玻璃拾取程序

MoveJOffs(pPick,0,0,500),vMaxSpeed,z50,tVacuum\WObj:=wobj0;

！利用 MoveJ 移动至拾取位置 pPick 点正上方 500mm 位置处

WaitdidiGlassInPos,1;

！等待输送链末端玻璃到位信号，否则一直等待

MoveLpPick,vMinSpeed,fine,tVacuum\WObj:=wobj0;

！玻璃到位后，利用 MoveL 移动至玻璃拾取位置 pPick

SetdoGrip;

！置位真空动作信号，拾取玻璃

WaitTime 0.3;

！设置延迟时间 0.3s，确保利用真空完全拾取玻璃

GripLoadLoadFull;

！加载有效载荷数据 LoadFull

MoveLOffs(pPick,0,0,500),vMinSpeed,z50,tVacuum\WObj:=wobj0;

！利用 MoveL 移动至拾取位置 pPick 点正上方 500mm 处

MoveLOffs(pPick,1000,1000,500),vMidSpeed,z200,tVacuum\WObj:=wobj0;

！利用 MoveL 移动至拾取后的中间过渡点，此过渡点相对于 pPick 沿着 X、Y、Z 方向分别偏移 1000mm、1000mm、500mm，设置此过渡点的目的是为防止在运动至放置位置的过程中与周边设备发生碰撞

ENDPROC

PROCrPlace()

　！声明放置玻璃程序

MoveJOffs(pPlace,-800,0,200),vMidSpeed,z50,tVacuum\WObj:=wobj0;

！利用 MoveJ 移动至放置前的中间过渡点，此过渡点相对于放置位置 pPlace 沿着 X、Y、Z 方向分别偏移 –800mm、0、200mm，设置此过渡点的目的是为防止在运动至放置位置的过程中与周边设备发生碰撞

WaitDIdiGlassInMachine,0;

！等待当前立式清洗机上料侧无玻璃才可进行当前玻璃的放置，防止前后两次放置的玻璃重叠在一起，否则一直等待

MoveLOffs(pPlace,-20,0,0),vMinSpeed,z5,tVacuum\WObj:=wobj0;

！满足条件后，利用 MoveL 移动至相对于放置位置 pPlace 点 X 负方向偏移 20mm 的位置处

MoveLpPlace,vMinSpeed,fine,tVacuum\WObj:=wobj0;

！利用 MoveL，用慢速将玻璃轻轻地放置在 pPlace 点，并且使用 fine，完全到达该目标位置

```
ResetdoGrip;
! 复位吸盘工具真空信号，释放玻璃
WaitTime 0.3;
! 等待 0.3s，保证玻璃被完全释放
GripLoadLoadEmpty;
! 加载空载荷数据 LoadEmpty
MoveLOffs(pPlace,-20,0,0),vMinSpeed,z5,tVacuum\WObj:=wobj0;
! 利用 MoveL 移动至相对于放置位置 pPlace 点 X 负方向偏移 20mm 的位置处
MoveLOffs(pPlace,-800,0,200),vMaxSpeed,z50,tVacuum\WObj:=wobj0;
! 利用 MoveL 移动至之前的放置前中级过渡点
PulseDOdoPlaceDone;
! 发出放置完成脉冲信号，默认脉冲长度为 0.2s，通知清洗机完成后续的玻璃清洗任务
MoveJOffs(pPick,1000,1000,500),vMaxSpeed,z50,tVacuum\WObj:=wobj0;
! 利用 MoveJ 移动至之前的拾取后中间过渡点
MoveLOffs(pPick,0,0,500),vMaxSpeed,z50,tVacuum\WObj:=wobj0;
! 利用 MoveL 移动至拾取位置正上面 500mm 处，等待下一次的拾取任务
ENDPROC


PROCrModify()
! 声明目标点示教程序，此程序在工业机器人运行过程中不被调用，仅用于手动示教目标点时
使用，便于操作者快速示教该工作站所需基准目标点位
MoveJpPick,vMinSpeed,fine,tVacuum\WObj:=wobj0;
! 将工业机器人移至玻璃拾取位置，可选中此条指令或 pPick 点，单击示教器程序编辑器界面中
的"修改位置"，即可完成对该基准目标点的示教
MoveJpPlace,vMinSpeed,fine,tVacuum\WObj:=wobj0;
! 将工业机器人移至玻璃放置位置，可选中此条指令或 pPlace 点，单击示教器程序编辑器界面中
的"修改位置"，即可完成对该基准目标点的示教
MoveJpHome,vMinSpeed,fine,tVacuum\WObj:=wobj0;
! 将工业机器人移至机器人工作等待位置，可选中此条指令或 pHome 点，单击示教器程序编辑
器界面中的"修改位置"，即可完成对该基准目标点的示教
ENDPROC
ENDMODULE
```

2.5 课后练习

本机器人工作站的工作流程较为简单，主要涉及 I/O 通信的基本设置、搬运工具坐标系的设置、有效载荷数据的设置、目标点的示教等内容，在编程方面，主要运用了常规的运动指令、信号置位指令等，在了解整个工作站后，读者可重点练习工业机器人运动过程中 MoveL 和 MoveJ 指令的使用区别，可尝试修改当前程序中默认使用的运动类型，观察工业机器人运动效果在修改前后有无差异，并总结两者的相同点和不同点，以及各自所适用的场合。

第 3 章　婴儿奶粉装箱

3.1　学习目标

通过本机器人工作站的介绍，读者可学习如下知识：

- ○ 装箱工作站的构成
- ○ 复杂程序数据赋值的操作
- ○ 转弯半径的选取
- ○ 速度数据及相关指令
- ○ CRobT 读取当前位置
- ○ 数值除法运算函数
- ○ 装箱程序的编写技巧

3.2　工作站描述

为了便于仓储与物流，小件产品通常需要装入定制的包装箱中，并且按照一定的规则进行摆放。工业机器人凭借精准的位置精度、高效的产能、稳定的运行系统等优势在装箱应用领域有着非常广泛的应用，尤其是在电子、食品、药品等行业。

本工作站为婴儿奶粉装箱应用，产品通过流水线进入装箱系统，利用 ABB 公司的 IRB 4600 工业机器人将封装后的产品盒装入指定的纸箱中，以便流向下一道包装工序，如图 3-1 所示。

图 3-1　奶粉包装示意图

1. 产品盒输送链

此输送链对接之前 IRB 360 分拣系统的产品盒输送链，将产品盒传送至输送链末端，并且在末端设置有传感器，检测是否到位，到位后将信号传送至机器人系统，则工业机器人进行下一步产品盒拾取的处理，如图3-2所示。

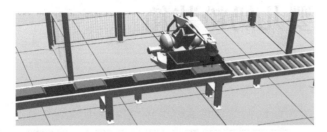

图3-2　产品盒输送链示意图

2. 吸盘工具

工业机器人末端法兰盘装有吸盘工具，利用真空发生器产生真空，对产品盒进行拾取处理，工业机器人利用输出信号控制真空的产生与关闭，从而实现产品盒的拾取与释放，如图3-3所示。

图3-3　吸盘工具示意图

3. 纸箱输送链

纸箱输送链前端对接自动开箱机，空纸箱沿着输送链运行，在装箱工位处设有自动挡板，纸箱停在此处后，工业机器人将拾取的产品盒按指定的规则装入纸箱中。在此案例中，纸箱中共装入4层，每层3个产品盒，装满后，挡板撤开，纸箱继续沿着输送链流入下一个包装工序，如图3-4所示。

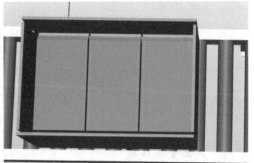

图3-4　纸箱输送链示意图

3.3 知识储备

3.3.1 复杂程序数据赋值

程序数据大多是组合型数据，即里面包含了多项数值或字符串。我们可以对其中的任何一项参数进行赋值。例如常见的目标点数据：

```
PERS robtarget p10 :=[[0,0,0],[1,0,0,0],[0,0,0,0],[9E9,9E9,9E9,9E9,9E9,9E9]];
PERS robtarget p20 :=[[100,0,0],[0,0,1,0],[1,0,1,0],[9E9,9E9,9E9,9E9,9E9,9E9]];
```

目标点数据里包含了四组数据，依次为 TCP 位置数据 trans：[0,0,0]、TCP 姿态数据 rot：[1,0,0,0]、轴配置数据 robconf：[1,0,1,0]、外部轴数据 extax：[9E9,9E9,9E9,9E9, 9E9,9E9]。可以分别对该数据的各项数值或者数值组进行操作，如：

```
p10.trans.x:=p20.trans.x+50;
p10.trans.y:=p20.trans.y-50;
p10.trans.z:=p20.trans.z+100;
p10.rot:=p20.rot;
p10.robconf:=p20.robconf;
```

赋值后 p10 为：

```
PERS robtarget p10 :=[[150,-50,100],[0,0,1,0],[1,0,1,0],[9E9,9E9,9E9,9E9,9E9,9E9]];
```

3.3.2 转弯半径的选取

在工业机器人运行过程中，经常会有一些中间过渡点，即在该位置工业机器人不会具体触发事件，例如拾取正上方位置点、放置正上方位置点、绕开障碍物而设置的一些位置点，在运动至这些位置点时应将转弯半径设置得相应大一些，这样可以减少工业机器人在转角时的速度衰减，使工业机器人运行轨迹更加圆滑，可有效提升工业机器人节拍；但是转弯半径不是越大越好，需要根据当前运动指令实际运行的距离来考虑，设置的转变半径数值不可大于运动指令运行的距离，否则会出现"转弯路径故障"等警告。

例如：在拾取放置动作过程中，工业机器人在拾取和放置之前需要先移动至其正上方处，然后竖直上下对工件进行拾取放置动作，如图 3-5 所示。

图 3-5 拾取放置动作过程

程序如下：

```
MoveJ pPrePick,vEmptyMax,z50,tGripper;
MoveL pPick,vEmptyMin,fine,tGripper;
Set doGripper;
⋮
MoveJ pPrePlace,vLoadMax,z50,tGripper;
MoveL pPlace,vLoadMin,fine,tGripper;
Reset doGripper;
⋮
```

在工业机器人 TCP 运动至 pPrePick 和 pPrePlace 点位的运动指令中写入转弯半径 z50，这样工业机器人可在此两点处以半径为 50mm 的轨迹圆滑过渡，速度衰减较小，但在 pPick 和 pPlace 点位处需要置位夹具动作，所以一般情况下使用 fine，即完全到达该目标点处再控制夹具动作。

3.3.3 等待类指令的应用

1. WaitDI

等待数字输入信号达到指定状态，并可设置最大等待时间以及超时标识。例如：

```
WaitDI di0,1;
```

等待数字输入信号 di0 变为 1。

```
WaitDI di1,1\MaxTime:=3\TimeFlag:=bool1;
```

等待数字输入信号 di1 变为 1，最大等待时间为 3s，若超时则 bool1 被赋值为 TRUE，程序继续执行下一条指令；若不设最大等待时间，则指令一直等待直至信号变为指定数值。

类似的指令有 WaitGI、WaitAI、WaitDO、WaitGO、WaitAO 等。

2. WaitUntil

等待条件成立，并可设置最大等待时间以及超时标识。例如：

```
WaitUntil reg1 = 5;
```

等待数值型数据 reg1 变为 5 后程序继续执行。

```
WaitUntil reg1=5\MaxTime:=3\TimeFlag:=bool1;
```

等待数值型数据 reg1 变为 5，最大等待时间为 3s，若超时则 bool1 被赋值为 TRUE，程序继续执行下一条指令；若不设最大等待时间，则指令一直等待直至条件成立。

```
WaitUntil di1=1\MaxTime:=3\TimeFlag:=bool1;
```

等同于上述 WaitDI 指令。

3. Waittime

等待固定的时间。例如：

```
Waittime 0.3;
```

工业机器人运行到该指令时，指针会在此处等待 0.3s。

3.3.4 工业机器人速度相关设置

在工业机器人应用过程中，工业机器人运行速度是我们比较关注的一个焦点，因为其直接影响工业机器人的生产效率。

1. 速度数据 SpeedData

用于规定机械臂和外轴均开始移动时的速率。例如：

```
PERS speeddata speed1:=[100,2000,5000,1000];
```

第 1 个参数为 v_tcp：工业机器人线性运行速度，单位 mm/s；

第 2 个参数为 v_ori：工业机器人重定位速度，即姿态旋转速度，单位（°）/s；

第 3 个参数为 v_leax：外轴线性移动速度，例如导轨，单位 mm/s；

第 4 个参数为 v_reax：外轴关节旋转速度，例如变位机，单位（°）/s；

在工业机器人运行过程中，无外轴情况下，速度数据中的前两个参数起作用，并且两者相互制约，保证工业机器人 TCP 移动至目标位置时，TCP 的姿态也恰好旋转到位，所以在调整速度数据时需要同时考虑两个参数。

每条运动指令中都需要指定速度数据，此外也可以通过速度指令对整体运行进行速度设置。

2. 速度设置指令 VelSet

用于增加或减少所有后续定位指令的编程速率。例如：

```
VelSet 60,2000;
```

第 1 个参数：速度百分比，其针对的是各个运动指令中的速度数据；

第 2 个参数：线速度最高限值，即工业机器人运行线速度不能超过 2000mm/s。

此条指令运行之后，工业机器人所有的运动指令均会受其影响，直至下一条 VelSet 指令执行；此速度设置与示教器端速度百分比设置并不冲突，两者相互叠加，例如示教器端工业机器人运行速度百分比为 50；VelSet 设置的百分比为 50，则工业机器人实际运行速度为两者的叠加，即 25%。

另外，在运动过程中单凭一味地加大减小速度并不能明显改变工业机器人的运行速度，因为工业机器人在运动过程中涉及加减速。

3. 加速度设置指令 AccSet

在处理脆弱负载时，使用了 AccSet，可允许更低的加速度和减速度，使得机械臂的移动更加顺畅。例如：

```
AccSet 70,70;
```

工业机器人加速度默认为最大值、最大坡度值，通过 AccSet 可以减小加速度。

第 1 个参数：加速度最大值百分比；

第 2 个参数：加速度坡度值。

两个数值对加速度的影响可参考图 3-6。

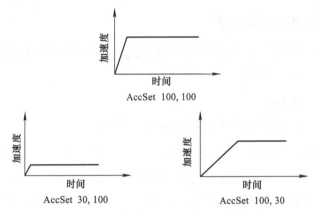

图 3-6　两个数值对加速度的影响

3.3.5　CRobT 和 CJointT 读取当前位置功能

1. CRobT

读取当前工业机器人 TCP 位置数据。例如：

```
PERS robtarget p10;
p10 := CRobT(\Tool:=tool1 \WObj:=wobj0);
```

读取当前工业机器人 TCP 位置数据，指定工具数据为 tool1，工件坐标系数据为 wobj0（若不指定，则默认工具数据为 tool0，默认工件坐标系数据为 wobj0），然后将读取的目标点数据赋值给 p10。

2. CJointT

读取当前工业机器人各关节轴位置数据。例如：

```
PERS jointtarget j10;
j10 := CJointT ();
```

读取当前工业机器人各关节轴位置数据，然后将读取的数据赋值给关节型目标点数据 j10。

3.3.6　数值除法运算函数

1. MOD

除法运算结果取余数。例如：

```
VAR reg1:=0;
reg1:=5 MOD 3;
```

则 reg1 运算结果为 2，因为除法运算结果为：整数为 1，余数为 2。

2. DIV

除法运算结果取整数。例如：

```
VAR reg1:=0;
reg1:=5 DIV 3；
```

则 reg1 运算结果为 1，因为除法运算结果为：整数为 1，余数为 2。

3.4 工作站实施

3.4.1 解压工作站并仿真运行

双击工作站压缩包文件"03_Package_Packing_4600_608.rspag"，如图 3-7 所示。

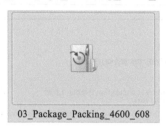

03_Package_Packing_4600_608

图 3-7 "03_Package_Packing_4600_608.rspag"压缩包

工作站解压过程如图 3-8 所示。

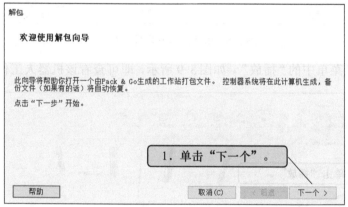

图 3-8 解压工作站软件

图 3-8　解压工作站软件（续）

单击"仿真"菜单中的"播放"，如图 3-9 所示，即可查看该机器人工作站的运行情况。

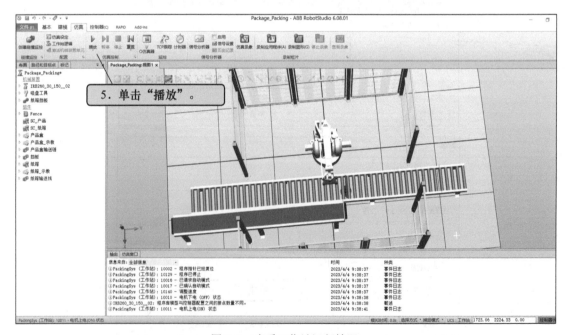

图 3-9　查看工作站运行情况

若想停止工作站运行，单击"仿真"菜单中的"停止"，如图 3-10 所示。

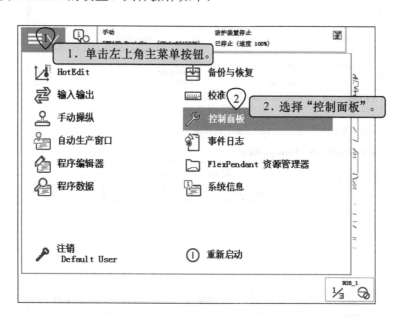

图 3-10　停止运行

3.4.2　工业机器人 I/O 设置

1）在此工作站中配置 1 个 DSQC 652 通信板卡（数字量 16 进 16 出），总线地址为 10。在示教器中单击"菜单"—"控制面板"—"配置"—"DeviceNet Device"，可查看该 I/O 板块 Board10 的设置。具体操作如下：

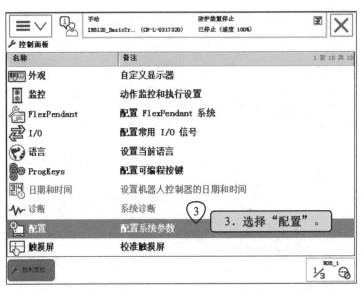

3. 选择"配置"。

4. 选择"DeviceNet Device"。

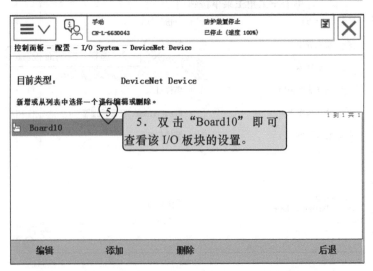

5. 双击"Board10"即可查看该 I/O 板块的设置。

2）在系统中定义 DSQC 652 板卡，具体操作步骤如下：

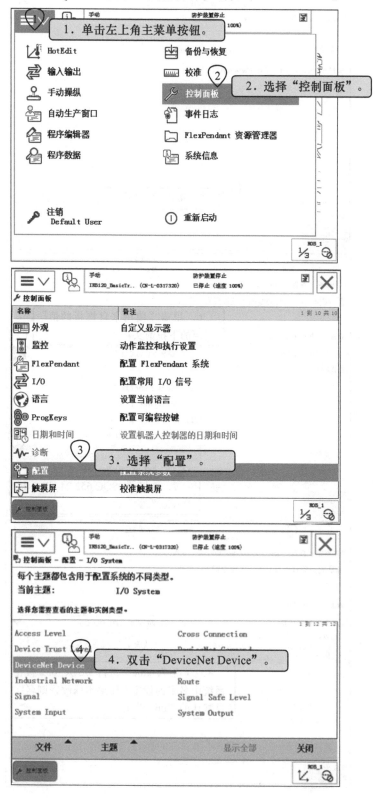

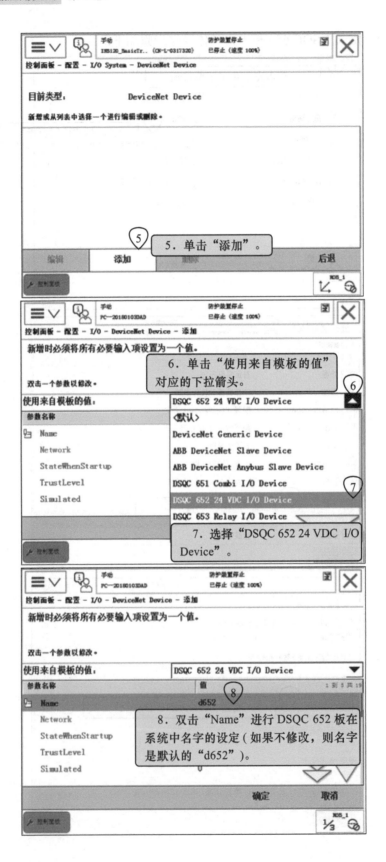

9. 在系统中将 DSQC 652 板的名字设定为"Board10"（10 代表此模块在 DeviceNet 总线中的地址，方便识别），然后单击"确定"。

10. 单击向下翻页箭头。

11. 将"Address"设定为 10，然后单击"确定"。

12. 单击"是",DSQC 652 板的定义就完成了。

3）在此工作站中共设置了4个数字输入输出信号，在示教器中单击"菜单"—"控制面板"—"配置"—"Signal"，可查看这些I/O信号的设置。具体操作步骤如下：

各 I/O 信号说明如下：

①doVacuum：数字输出信号，用于控制吸盘工具系统真空开启与关闭，如图 3-11 所示。

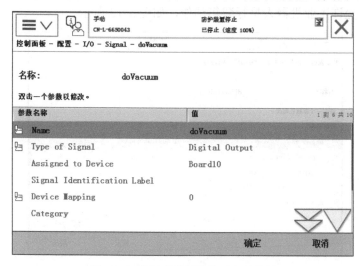

图 3-11　控制真空吸盘的开启与关闭

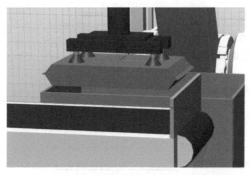

图 3-11　控制真空吸盘的开启与关闭（续）

② doBoxFull：将工业机器人输出信号传送至纸箱输送链，放下挡块让已装满的纸箱流入下一个工位，如图 3-12 所示。

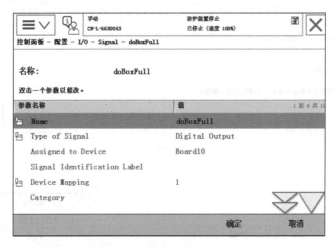

图 3-12　确认纸箱放置完成

③ diBoxInPos：纸箱输送链中末端检测纸箱到位信号，空纸箱到达输送链末端后，传感器置高电位，允许工业机器人执行装箱动作，如图 3-13 所示。

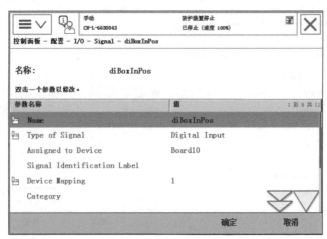

图 3-13　工业机器人拾取纸箱

图 3-13　工业机器人拾取纸箱（续）

④ diItemInPos：产品盒输送链末端检测产品盒到位信号，产品盒到达输送链末端后，传感器置高电位，允许工业机器人执行拾取动作，如图 3-14 所示。

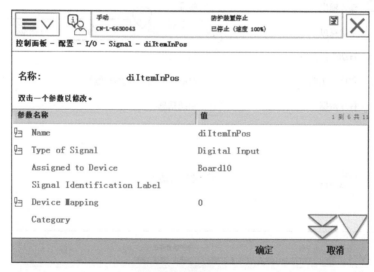

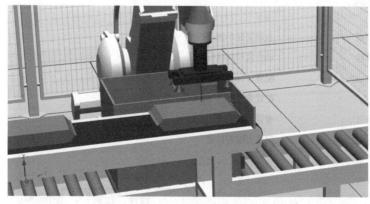

图 3-14　工业机器人拾取动作

4）定义 I/O 信号。以信号 doVacuum 为例，其他信号设置的方法与其相同。数字输出信号 doVacuum 的相关参数见表 3-1。

表 3-1　数字输出信号 doVacuum 的相关参数

参 数 名 称	设 定 值	说　　明
Name	doVacuum	设定数字输入信号的名字
Type of Signal	Digital Output	设定信号的类型
Assigned to Device	Board10	设定信号所在的 I/O 模块
Device Mapping	0	设定信号所占用的地址

其具体操作如下：

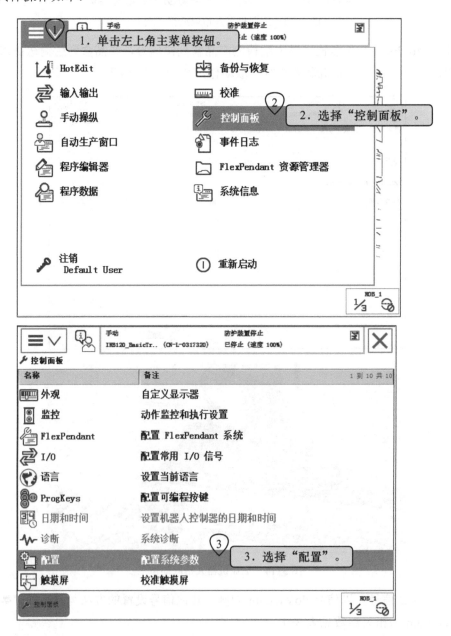

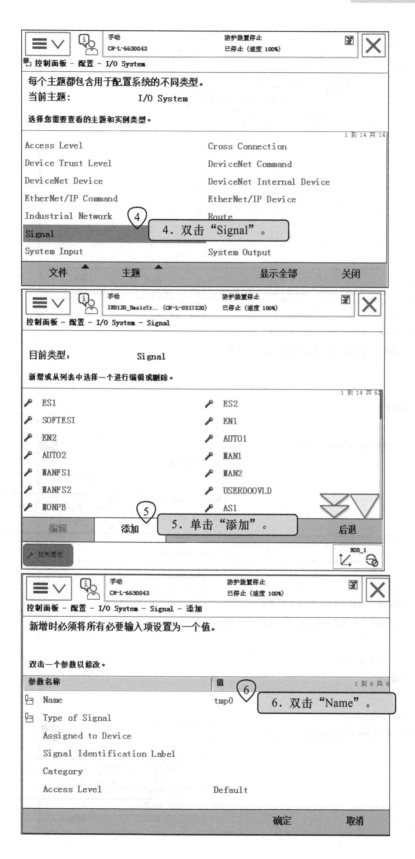

3.4.3 坐标系及载荷数据设置

1. 工具坐标系 tVacuum

沿着默认工具坐标系 tool0 的 Z 轴正方向偏移 200mm；工具本身负载 5kg，重心沿着 tool0 的 Z 轴正方向偏移 120mm，如图 3-15 所示。在实际应用中，工具本身负载可通过机器人系统中自动测算载荷的系统例行程序 LoadIdentify 进行测算，测算方法可参考 www.robotpartner.cn 链接中的中级教学视频中的相关内容。

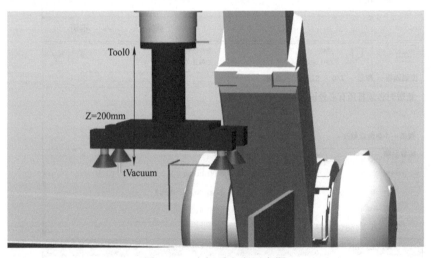

图 3-15 坐标系定义示意图

设置工具坐标系 tVacuum 的具体操作如下：

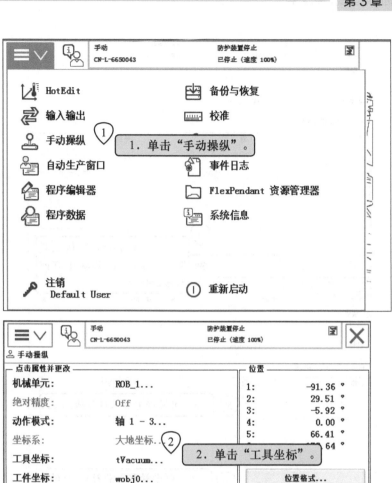

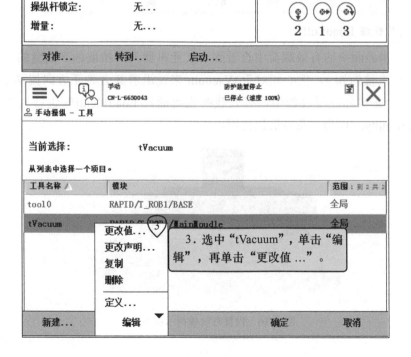

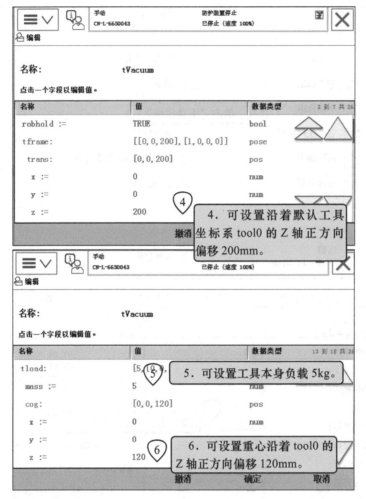

2. **有效载荷数据 LoadFull**

可在手动操作界面中的有效载荷中查看到，工业机器人所拾取的产品盒的负载信息，当前产品盒本身重量为 6kg，重心相对于 tVacuum 来说沿着其 Z 轴正方向偏移了 20mm，如图 3-16 所示；在实际应用过程中，有效载荷也可通过 LoadIdentify 进行测算；此外，还设置了 LoadEmpty，作为空负载数据使用。

图 3-16　设置有效载荷示意图

设置有效载荷数据 LoadFull 的具体操作如下：

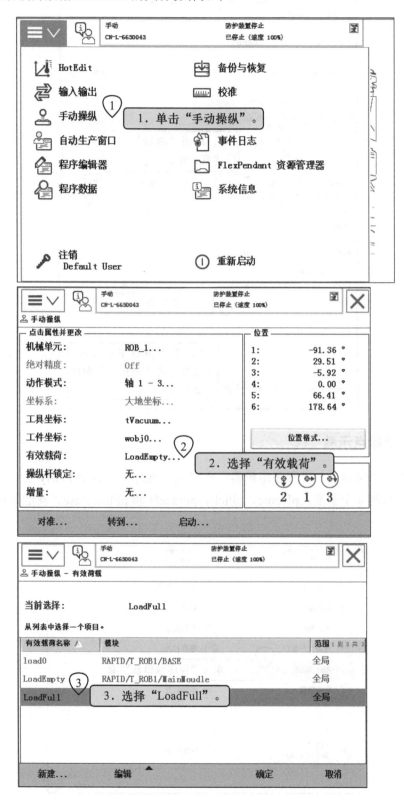

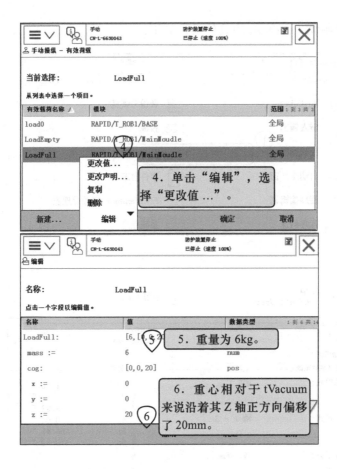

3.4.4 基准目标点示教

单击示教器"菜单"—"程序编辑器"—"例行程序",在 rModify 中可找到在此工作站中需要示教的 4 个基准:pHome、pPick、pPlaceH 和 pPlaceBase。基准目标点设置过程如下所示。

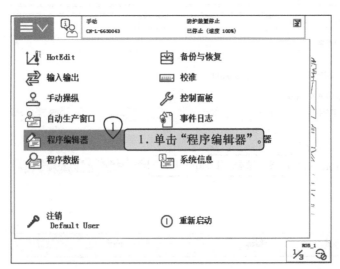

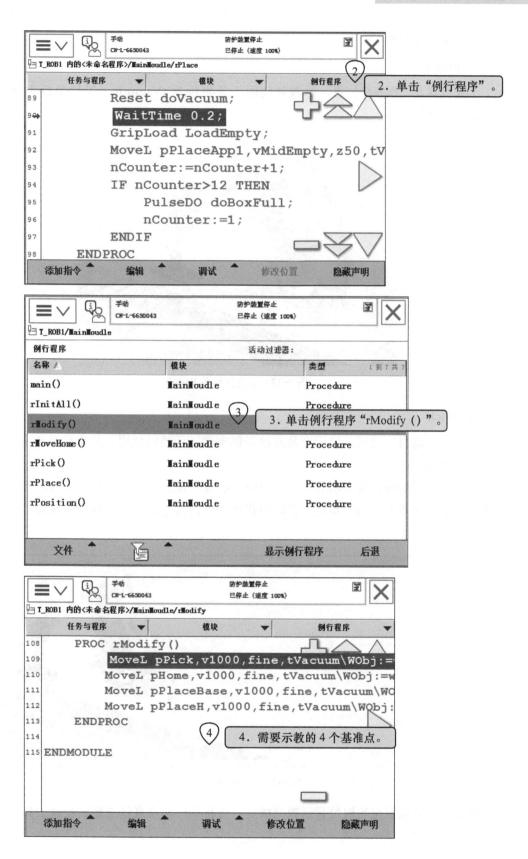

各基准点说明如下：

1. pHome

工业机器人工作等待位置，示教时使用工具坐标系 tVacuum、工件坐标系 Wobj0，如图 3-17 所示。

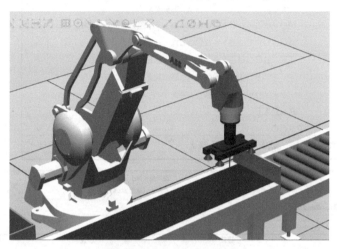

图 3-17　工件坐标系 Wobj0

2. pPick

拾取产品盒目标位置，位于产品盒输送链末端，示教时使用工具坐标系 tVacuum、工件坐标系 Wobj0。

在本工作站的输送链末端放置了一个用于示教位置的产品盒，其默认为隐藏，可以在软件"基本"菜单左侧的"布局"窗口中找到"产品盒_示教"，右击，设为"可见"，如图 3-18 所示。

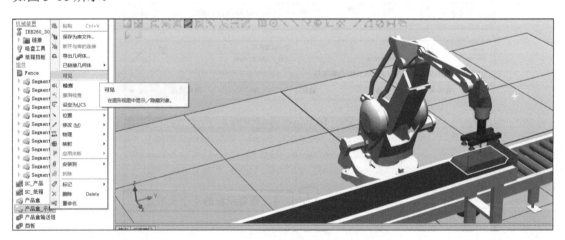

图 3-18　抓取奶粉示意图

将工业机器人移至拾取位置示教完成后，可将此产品盒直接安装到吸盘工具上，模拟实际应用过程中的真空拾取效果，右击"产品盒_示教"，单击"安装到"，选择"吸盘工具"，在弹出的对话框中，询问是否更新位置，单击"No"，如图 3-19 所示。

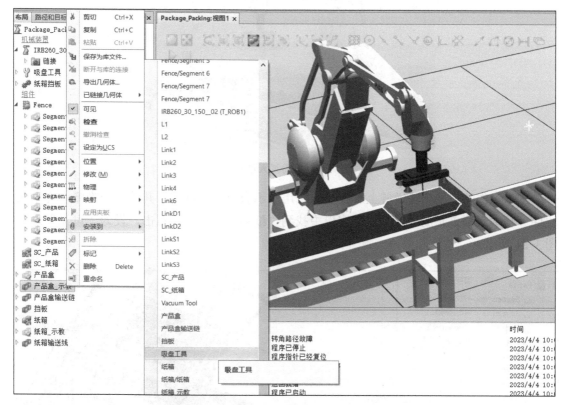

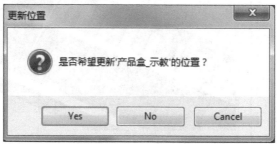

图 3-19　吸盘工具安装

3．pPlaceH

装箱前高度位置，此位置的高度值在后续计算中间过渡点时会使用到，高度位置要适当高于产品盒拾取位置和纸箱上边沿（可参考图 3-20 所示位置），对 XY 位置以及姿态没有要求；示教时使用工具坐标系 tVacuum、工件坐标系 Wobj0，如图 3-20 所示。

4．pPlaceBase

装箱基准目标位置，位于纸箱内，示教时使用工具坐标系 tVacuum、工件坐标系 Wobj0。

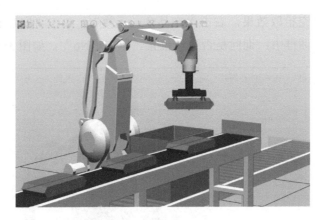

图 3-20　奶粉抓入纸箱中

在本工作站的纸箱输送链上放置了一个用于示教位置的纸箱，其默认为隐藏，可以在软件"基本"菜单左侧的"布局"窗口中找到"纸箱_示教"，右击，设为"可见"，如图 3-21 所示。

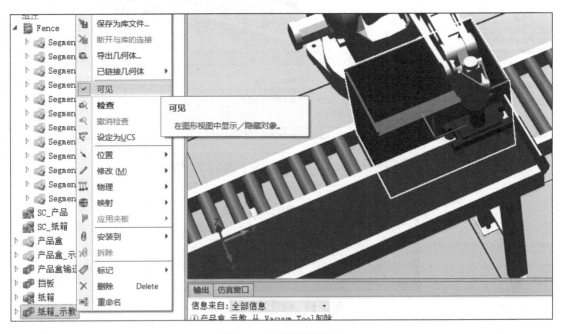

图 3-21　取消隐藏纸箱

将工业机器人移动至纸箱中，所需示教的位置为纸箱第一层中间的位置，此位置作为装箱放置的基准位置，其他位置均是由此基准位置做出相应的偏移量计算而得；示教位置可参考图 3-22 所示。

示教完成后，将"产品盒_示教"从吸盘工具上拆除，右击"产品盒_示教"，单击"拆除"，在弹出的对话框中询问是否希望恢复示教位置，单击"是"，则该产品盒自动回到初始位置，如图 3-23 所示。

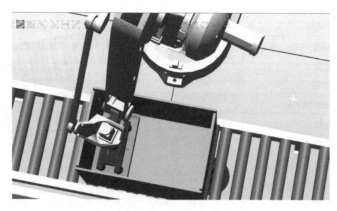

图 3-22 示教位置

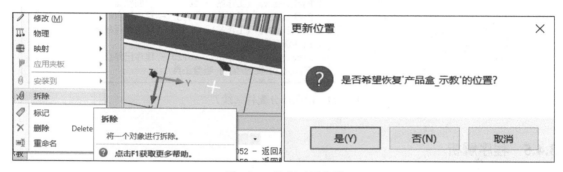

图 3-23 恢复示教位置

分别右击"产品盒_示教""纸箱_示教",取消勾选"可见",将其隐藏,如图 3-24 所示。

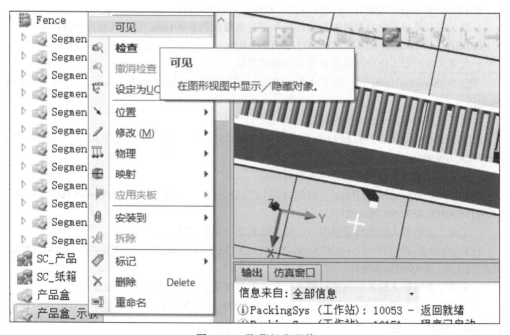

图 3-24 隐藏部分配件

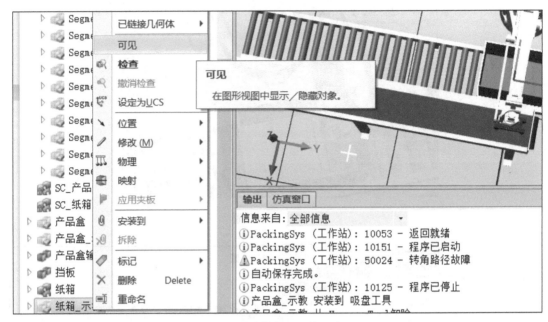

图 3-24　隐藏部分配件（续）

3.4.5　程序解析

```
MODULEMainMoudle
PERStooldatatVacuum:=[TRUE,[[0,0,200],[1,0,0,0]],[5,[0,0,120],[1,0,0,0],0,0,0]];
    ! 定义工具坐标系数据 tVacuum
PERSLoaddataLoadEmpty:=[0.001,[0,0,0.001],[1,0,0,0],0,0,0];
    ! 定义工业机器人空负载时的有效载荷数据，重量设为 0.001kg，可将其视为空载荷
PERSLoaddataLoadFull:=[6,[0,0,20],[1,0,0,0],0,0,0];
    ! 定义工业机器人拾取产品盒后的有效载荷数据
    PERSrobtargetpHome:=[[753.535080012,0,969.73367697],[0,0,1,0],[0,0,0,0],[9E9,9E9,9E9,9E9,
9E9,9E9]];
    ! 定义工业机器人工作原位目标点
    PERSrobtargetpPick:=[[1249.054356471,17.898925364,765.354460607],[0,0,1,0],[0,0,0,0],[9E9,
9E9,9E9,9E9,9E9,9E9]];
    ! 定义工业机器人拾取产品盒位置的目标点
    PERSrobtargetpPlaceBase:=[[751.897737228,-17,350],[0,0.707099944,0.707113618,0],
[-1,0,0,0],[9E9,9E9,9E9,9E9,9E9,9E9]];
    ! 定义工业机器人装箱放置基准点，位于纸箱第一层的中间位置
PERSrobtargetpPlaceH:=[[751.920726966,-22.512462013,967.902336426],[0,0.707099944,0.707113618,0],
[-1,0,0,0],[9E9,9E9,9E9,9E9,9E9,9E9]];
    ! 定义工业机器人装箱前高度位置点，该点的高度值会用于后续的中间过渡点计算
    PERSrobtarget pPlaceApp1:=[[751.898,-17,967.902],[0,0.7071,0.707114,0],[-1,0,0,0],[9E+09,9E+
09,9E+09,9E+09,9E+09,9E+09]];
```

！定义中间过渡点 1，装箱过程中为保证顺利装箱，共设置了 3 个中间过渡点
PERSrobtarget pPlaceApp2:=[[751.898,-17,525],[0,0.7071,0.707114,0],[-1,0,0,0],[9E+09,9E+09,9E+09,9E+09,9E+09,9E+09]];
！定义中间过渡点 2
PERSrobtarget pPlaceApp3:=[[751.898,-17,445],[0,0.7071,0.707114,0],[-1,0,0,0],[9E+09,9E+09,9E+09,9E+09,9E+09,9E+09]];
！定义中间过渡点 3
PERSrobtargetpPlace:=[[751.898,-17,365],[0,0.7071,0.707114,0],[-1,0,0,0],[9E+09,9E+09,9E+09,9E+09,9E+09,9E+09]];
！定义装箱放置点，该点最终位置是由放置基准点计算得出
PERSspeeddatavMinEmpty:=[2000,800,6000,1000];
PERSspeeddatavMidEmpty:=[4000,800,6000,1000];
PERSspeeddatavMaxEmpty:=[8000,1000,6000,1000];
PERSspeeddatavMinLoad:=[1200,800,6000,1000];
PERSspeeddatavMidLoad:=[3000,800,6000,1000];
PERSspeeddatavMaxLoad:=[6000,800,6000,1000];
！依次定义不同的速度数据，用于不同的运动过程
PERSnumnCounter:=3;
！定义数值型数据，用于装箱计数
PERSnumItemW:=185;
！定义数值型数据，产品盒的宽度
PERSnumItemH:=55;
！定义数值型数据，产品盒的高度

PROCmain()
！声明主程序
rInitAll;
！程序起始位置调用初始化程序，用于复位工业机器人位置、信号、数据等
WHILE TRUE DO
！采用 WHILE TRUE DO 无限循环结构，将工业机器人需要重复运行的动作与初始化程序隔离开
rPick;
！调用工业机器人拾取产品盒程序
rPosition;
！调用计算装箱位置程序
rPlace;
！调用工业机器人装箱程序
ENDWHILE
ENDPROC
PROCrInitAll()
！声明初始化程序
VelSet 100,8000;
！速度百分比设为100%，最高速度限值为8000mm/s

```
    AccSet 100,100;
    ！加速度与减速度百分比设为100%，加速度坡度值设为100%
rMoveHome;
    ！调用自动返回HOME点的程序
ResetdoVacuum;
    ！复位吸盘工具真空动作信号
PulseDOdoBoxFull;
    ！脉冲输出纸箱装箱满载信号，若当前位置有之前未装载完成的纸箱，则使其流至下一工位，确
保当前装箱工位是空纸箱
nCounter:=1;
    ！复位装箱计数器，从1开始计数
ENDPROC

    PROCrPick()
    ！声明拾取产品盒程序
MoveLOffs(pPick,0,0,100),vMaxEmpty,z20,tVacuum\WObj:=wobj0;
    ！利用MoveL移动至拾取位置pPick点正上方100mm处
WaitDIdiItemInPos,1;
    ！等待产品盒到位信号为1，否则一直等待
MoveLpPick,vMinEmpty,fine,tVacuum\WObj:=wobj0;
    ！利用MoveL直线运动至拾取位置pPick，完全到达使用fine
SetdoVacuum;
    ！置位真空动作信号，拾取产品盒
WaitTime 0.1;
    ！设置延迟时间0.1s，确保利用真空完全拾取产品盒
GripLoadLoadFull;
    ！加载有效载荷数据LoadFull
MoveLOffs(pPick,0,0,100),vMinLoad,z20,tVacuum\WObj:=wobj0;
    ！利用MoveL移动至拾取位置pPick点正上方100mm处
    ENDPROC
    PROCrPosition()
    ！声明装箱位置计算程序
VARnumn:=0;
    ！定义程序内部变量n，作为除法运算结果的整数
VARnumm:=0;
    ！定义程序内部变量m，作为除法运算结果的余数
n:=(nCounter-1) DIV 3;
    ！计数器减1后对3进行整除，结果赋值给n
m:=nCounter MOD 3;
    ！计数器对3进行去余，结果赋值给m
```

！当前应用装箱位置如图 3-25 所示，示教的放置基准点为纸箱第一层中间位置 pPlaceBase，其他位置均是根据此基准做出相应的偏移而得出；利用 m 来识别是左侧位置、中间位置还是右侧位置，m=0 表示中间位置，m=1 表示左侧位置，m=2 表示右侧位置；利用 n 来识别第几层，n=0 表示第一层，n=1 表示第二层，n=2 表示第三层，n=3 表示第四层

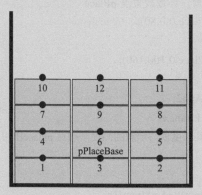

图 3-25　当前应用装箱位置

！装箱顺序与路径如图 3-26 所示，先放左侧位置，再放右侧位置，最后放中间位置，为了避免在装箱过程中产品盒与纸箱发生碰撞，左侧执行路径 1，右侧执行路径 2，中间执行路径 3，这样工业机人在装箱过程中需要依次经过 pPlaceApp1、pPlaceApp2、pPlaceApp3，最终到达放置位置

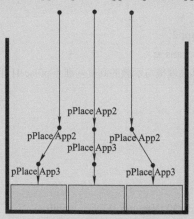

图 3-26　装箱顺序与路径

TEST m
！判断当前 m 的数值，根据不同的数值结果执行对应的 CASE 里的内容
CASE 0:
pPlace:=Offs(pPlaceBase,0,0,n*ItemH);
！若为 0，则表示是中间位置，计算放置点 pPlace
　　　pPlaceApp3:=Offs(pPlace,0,0,80);
！计算过渡点 pPlaceApp3,
　　　pPlaceApp2:=Offs(pPlace,0,0,160);
！计算过渡点 pPlaceApp2
　　　pPlaceApp1:=pPlaceApp2;
pPlaceApp1.trans.z:=pPlaceH.trans.z;

！计算过渡点 pPlaceApp1，其高度值与示教的高度基准点 pPlaceH 相同，其他的与 pPlaceApp1 相同

```
CASE 1:
pPlace:=Offs(pPlaceBase,0,-ItemW-5,nItemH);
! 若为 0，则表示是左侧位置，计算放置点 pPlace
        pPlaceApp3:=Offs(pPlace,0,0,80);
! 计算过渡点 pPlaceApp3
        pPlaceApp2:=Offs(pPlace,0,100,160);
! 计算过渡点 pPlaceApp2
        pPlaceApp1:=pPlaceApp2;
pPlaceApp1.trans.z:=pPlaceH.trans.z;
! 计算过渡点 pPlaceApp1，其高度值与示教的高度基准点 pPlaceH 相同，其他的与 pPlaceApp1 相同

CASE 2:
pPlace:=Offs(pPlaceBase,0,ItemW+5,n*ItemH);
! 若为 2，则表示是右侧位置，计算放置点 pPlace
        pPlaceApp3:=Offs(pPlace,0,0,80);
! 计算过渡点 pPlaceApp3
        pPlaceApp2:=Offs(pPlace,0,-100,160);
! 计算过渡点 pPlaceApp2
        pPlaceApp1:=pPlaceApp2;
pPlaceApp1.trans.z:=pPlaceH.trans.z;
! 计算过渡点 pPlaceApp1，其高度值与示教的高度基准点 pPlaceH 相同，其他的与 pPlaceApp1 相同
ENDTEST
ENDPROC


    PROCrPlace()
    ! 声明放置程序
MoveJ pPlaceApp1,vMaxLoad,z50,tVacuum\WObj:=wobj0;
! 利用 MoveJ 指令移动至装箱前过渡点 1
WaitDIdiBoxInPos,1;
! 等待纸箱输送链上纸箱到位信号为 1，否则一直等待
MoveL pPlaceApp2,vMidLoad,z20,tVacuum\WObj:=wobj0;
! 利用 MoveL 直线移动至中间过渡点 2
MoveL pPlaceApp3,vMidLoad,z10,tVacuum\WObj:=wobj0;
! 利用 MoveL 直线移动至中间过渡点 1
MoveLpPlace,vMinLoad,fine,tVacuum\WObj:=wobj0;
! 利用 MoveL 直线运动至最终的放置位置
ResetdoVacuum;
! 复位吸盘工具真空信号，释放产品盒
```

```
WaitTime 0.1;
```
! 等待 0.1s，确保产品盒被完全释放
```
GripLoadLoadEmpty;
```
! 加载空载荷数据 LoadEmpty
```
MoveL pPlaceApp1,vMidEmpty,z50,tVacuum\WObj:=wobj0;
```
! 利用 MoveL 移动至中间过渡点 1
```
nCounter:=nCounter+1;
```
! 计数器累计加 1
```
IFnCounter>12 THEN;
```
! 判断当前计数器数值是否大于 12，每个纸箱中只放置 12 个产品盒，若超过 12 则认为已装满，则执行相应动作
```
PulseDOdoBoxFull;
```
! 发出纸箱满载输出信号，纸箱输送链上的挡板会放下，将满载的纸箱输送到下一个工位，然后挡板自动升起，等待下一个空纸箱
```
nCounter:=1;
```
! 计数器复位
```
ENDIF
ENDPROC
```

```
PROCrMoveHome()
```
! 声明工业机器人回 HOME 位置的程序
```
VARrobtargetpActualPos;
```
! 定义程序内部目标点类型的变量 pActualPos
```
pActualPos:=CRobT(\Tool:=tVacuum\WObj:=wobj0);
```
! 利用 CROBT 读取当前工业机器人位置，使用工具坐标系 tVacuum，工件坐标系 Wobj0，并将获得的数据赋值给 pActualPos
```
pActualPos.trans.z:=pHome.trans.z;
```
! 将 HOME 位置的高度值 Z 赋值给 pActualPos 的高度值 Z，使两者高度位置一致
```
MoveLpActualPos,v500,fine,tVacuum\WObj:=wobj0;
```
! 利用 MoveL 直线移动至 pActualPos
```
MoveLpHome,v500,fine,tVacuum\WObj:=wobj0;
```
! 利用 MoveL 直线移动至 pHome
! 上述做法的目的是为了当工业机器人初始化复位的过程中，每次均能够从当前位置竖直抬高到与 HOME 位置一样的高度，然后再移动回 HOME 点，可以有效地防止工业机器人在自动回 HMOE 的过程中与周边设备发生碰撞
```
ENDPROC
```

```
PROCrModify()
```
! 声明目标点示教程序，此程序在工业机器人运行过程中不被调用，仅用于手动示教目标点时使用，便于操作者快速示教该工作站所需基准目标点位
```
MoveLpPick,v1000,fine,tVacuum\WObj:=wobj0;
```

　　！将工业机器人移至产品盒拾取位置，可选中此条指令或 pPick 点，单击示教器程序编辑器界面中的"修改位置"，即可完成对该基准目标点的示教

　　MoveLpHome,v1000,fine,tVacuum\WObj:=wobj0;

　　！将工业机器人移至工业机器人工作等待位置，可选中此条指令或 pHome 点，单击示教器程序编辑器界面中的"修改位置"，即可完成对该基准目标点的示教

　　MoveLpPlaceBase,v1000,fine,tVacuum\WObj:=wobj0;

　　！将工业机器人移至产品盒装箱基准位置，可选中此条指令或 pPlaceBase 点，单击示教器程序编辑器界面中的"修改位置"，即可完成对该基准目标点的示教

　　MoveLpPlaceH,v1000,fine,tVacuum\WObj:=wobj0;

　　！将工业机器人移至产品盒装箱前高度基准位置，可选中此条指令或 pPlaceH 点，单击示教器程序编辑器界面中的"修改位置"，即可完成对该基准目标点的示教

　　ENDPROC

　　ENDMODULE

3.5　课后练习

　　本机器人装箱工作站承接上一章的机器人搬运工作站，在此工作站中主要是让读者对机器人装箱工作站有一个系统的认识，了解工作站布局以及各设备之间的通信设置，编程方面聚焦于复杂程序数据赋值、转弯半径的合理选取、速度数据及相关指令的使用、自动回 HOME 位置的编程技巧、数值除法运算等内容。读者学习完本章中的内容后，可尝试改变装箱要求与顺序，针对相应内容做出程序调整，尤其是要注意避免装箱过程中工业机器人与纸箱碰撞的风险。

第4章 瓶装矿泉水码垛

4.1 学习目标

通过本机器人工作站的介绍，读者可学习如下知识：

- ○ 码垛工作站的构成
- ○ 触发指令 Trigg 相关指令用法
- ○ 停止点数据 Stoppointdata 用法
- ○ 轴配置指令 ConfL、ConfL 用法
- ○ 中断程序
- ○ 多工位码垛程序的编写技巧

4.2 工作站描述

为了便于仓储与物流，完成包装的产品通常需要码垛在栈板上，并且按照客户指定的要求进行产品的堆放。工业机器人相对于专业码垛机器人来说，具有结构简单、故障率低、便于维护保养、占地面积小、适用性强、能耗低等优势，所以在码垛领域应用非常广泛，尤其在食品、化工、家电等行业。

产品经过之前的分拣和装箱工序，装有产品的矿泉水箱经过封装后最终通过流水线进入码垛系统，利用 ABB 公司的 IRB 4600 工业机器人将矿泉水箱码垛到栈板上，以便进行仓储与物流，如图 4-1 所示。

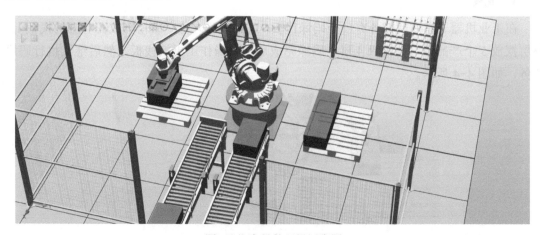

图 4-1 产品箱码垛示意图

1. 箱输送链

此输送链将产品箱传送至输送链末端，并且在末端设置有传感器，检测是否到位，到位后将信号传送至机器人系统，则工业机器人进行下一步产品盒拾取的处理；该工作站设有两条产品箱输送链，以充分利用工业机器人的速度优势，完成多工位码垛任务，如图4-2所示。

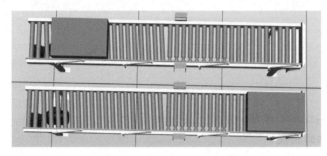

图 4-2　产品箱输送链示意图

2. 吸盘工具

工业机器人末端法兰盘装有吸盘工具，利用真空发生器产生真空，对产品盒进行拾取处理，工业机器人利用输出信号控制真空的产生与关闭，从而实现产品盒的拾取与释放，如图 4-3 所示。

图 4-3　吸盘工具示意图

3. 栈板

在工业机器人左右两侧各有一个码垛栈板，工业机器人将产品箱堆放在对应的栈板上，每层摆放 5 个产品箱，共码垛 4 层，码垛完成后需要操作工更换栈板，然后继续执行码垛任务，如图 4-4 所示。

图 4-4　栈板示意图

4.3　知识储备

4.3.1　轴配置监控指令 ConfL

　　轴配置监控指令 ConfL 指定工业机器人在线性运动及圆弧运动过程中是否严格遵循程序中已设定的轴配置参数。在默认情况下，轴配置监控是打开的，当关闭轴配置监控后，工业机器人在运动过程中采取最接近当前轴配置数据的配置到达指定目标点。

　　例如： 在目标点 p10 中，数据 [1,0,1,0] 就是此目标点的轴配置数据。

```
CONST  robtargetp10 :=[[*,*,*],[*,*,*,*],[1,0,1,0],[9E9,9E9,9E9,9E9,9E9,9E9]];
PROCrMove()
    ConfL \Off;
    MoveL p10, v1000, fine, tool0;
ENDPROC
```

　　工业机器人自动匹配一组最接近当前各关节轴姿态的轴配置数据移动至目标点 p10，到达该点时，轴配置数据不一定为程序中指定的 [1,0,1,0]。

　　在某些应用场合，如离线编程创建目标点或手动示教相邻两目标点间轴配置数据相差较大时，在工业机器人运动过程中容易出现报警"轴配置错误"而造成停机。在此种情况下，若对轴配置要求较高，则一般通过添加中间过渡点；若对轴配置要求不高，则可通过指令 ConfL\Off 关闭轴监控，使工业机器人自动匹配可行的轴配置来到达指定目标点。

　　此外，ConfJ 指令针对的是关节线性运动，例如 MoveJ 运动过程中轴配置监控状态的设置。

4.3.2　运动触发指令 TriggL

　　在线性运动过程中，在指定位置准确地触发事件，如置位输出信号、激活中断等。可以定义多种类型的触发事件，如 TriggIO（触发信号）、TriggEquip（触发装置动作）、TriggInt（触发中断）等。

　　这里以触发装置动作类型为例（在准确的位置触发工业机器人夹具的动作通常采用此种类型的触发事件），如图 4-5 所示。

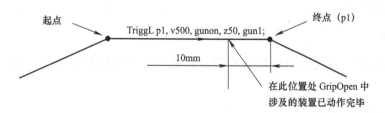

图 4-5　运动触发指令 TriggL

```
VAR triggdataGripOpen;
！定义触发数据 GripOpen
TriggEquipGripOpen, 10, 0.1 \DOp:=doGripOn, 1;
```
！定义触发事件 GripOpen，在距离指定目标点前 10mm 处，并提前 0.1s（用于抵消设备动作延迟时间）触发指定事件，将数字输出信号 doGripOn 置为 1
```
TriggL p1, v500, GripOpen, z50, tGripper;
```
！执行 TriggL，调用触发事件 GripOpen，即工业机器人 TCP 在朝向 p1 点运动过程中，在距离 p1 点前 10mm 处，提前 0.1s 将 doGripOn 置为 1

例如，在控制吸盘夹具动作过程中，在吸取产品时需要提前打开真空，在放置产品时需要提前释放真空，为了能够准确地触发吸盘夹具的动作，通常采用 Trigg 指令来对其进行精准控制。

4.3.3 中断程序的用法

在程序执行过程中，如果发生需要紧急处理的情况，这就要中断当前程序的执行，马上跳转到专门的程序中对紧急情况进行相应处理，处理结束后返回中断的地方继续往下执行程序。专门用来处理紧急情况的程序称作中断程序（TRAP）。例如：

```
VAR intnum intno1; ！定义中断数据 intno1
IDelete intno1; ！取消当前中断符 intno1 的连接，预防误触发
CONNECT intno1 WITH tTrap; ！将中断符与中断程序 tTrap 连接
ISignalDI di1,1, intno1;！当数字输入信号 di1 为 1 时，触发该中断程序
TRAP  tTrap
     reg1:=reg1+1;
ENDTRAP
```

不需要在程序中对该中断程序进行调用，定义触发条件的语句一般放在初始化程序中，当程序启动运行完该定义触发条件的指令一次后，则进入中断监控，当数字输入信号 di1 变为 1 时，则工业机器人立即执行 tTrap 中的程序，运行完成之后，指针返回触发该中断的程序位置继续往下执行。

1. ISleep

使中断监控失效，在失效期间，该中断程序不会被触发。例如：

```
ISleep intno1;
```

2. IWatch

激活中断监控。系统启动后默认为激活状态，只要中断条件满足，即会触发中断。例如：

```
IWatch intno1;
ISignalDI \Single, di1,1,intno1;
```

若在 ISignalDI 后面加上可选参变量 \Single，则该中断只会在 di1 信号第一次置 1 时触发相应的中断程序，后续则不再继续触发，直至重新定义该触发条件。

4.3.4　停止点数据 StoppointData

停止点数据可用于规划如何在一个指定位置处停止，相比传统的靠 fine 作为完全停止点而言，停止点数据提供了更丰富的停止方式，可以定义三种类型的停止点，如图 4-6 所示。

1. Inpos 类型

相对于标准参数 fine 来说，还可以设置参数：位置和速度停止的百分比以及在对应位置停止的最短时间和最长时间。

2. stoptime 类型

直接指定在停止点等待给定的时间值。

3. followtime 类型

在输送链跟踪应用中特殊的一种停止数据，其可保证在停止过程中仍能够与输送链保持协调运动。

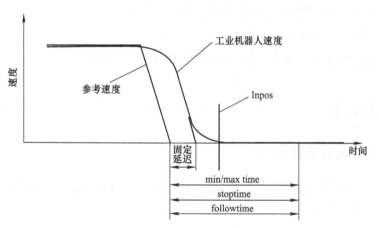

图 4-6　三种类型的停止点

例如：

```
1) VAR stoppointdatamy_inpos := [ inpos, TRUE, [ 25, 40, 0.1, 5], 0,0, "", 0, 0];
MoveL P10, v1000, fine \Inpos:=my_inpos, tool1;
```

通过以下特征，定义停止点数据 my_inpos：

● 停止点为就位类型，inpos。
● 将通过 RAPID 程序执行来同步停止点，TRUE。
● 停止点距离标准为停止点 fine 规定距离的 25%，25。

- 停止点速度标准为停止点 fine 规定速度的 40%，40。
- 收敛前的最短等待时间为 0.1s，0.1。
- 收敛的最长等待时间为 5s，5。

工业机器人朝编程位置移动，直至标准位置或速度之一得以满足。

2）VAR stoppointdatamy_stoptime := [stoptime, FALSE, [0, 0, 0, 0],1.45, 0, "", 0, 0];
MoveL P10, v1000, fine \Inpos:=my_stoptime, tool1;

通过以下特征，定义停止点数据 my_stoptime：

- 停止点为停止时间类型，stoptime。
- 将不会通过 RAPID 程序执行来同步停止点，FALSE。
- 就位等待时间为 1.45 s，1.45。

工业机器人朝编程位置移动，到达位置后工业机器人将停止 1.45s。

3）VAR stoppointdatamy_followtime:= [fllwtime, TRUE, [0, 0, 0,0], 0, 0.5, "", 0, 0];
MoveL P10, v1000, z10 \Inpos:=my_followtime, tool1\wobj:=WobjCNV1;

通过以下特征，定义停止点数据 my_followtime：

- 停止点为跟随时间类型，fllwtime。
- 将通过 RAPID 程序执行来同步停止点，TRUE。
- 停止点跟随时间为 0.5s，0.5。

在留下 10mm 的区域之前，z10，机械臂将跟随传送带 0.5s。

4.4 工作站实施

4.4.1 解压工作站并仿真运行

双击工作站压缩包文件"04_Package_Palletizing_608.rspag"，如图 4-7 所示。工作站解压过程如图 4-8 所示。

04_Package_Palletizing_608

图 4-7 "04_Package_Palletizing_608.rspag"压缩包文件

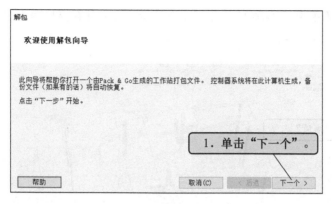

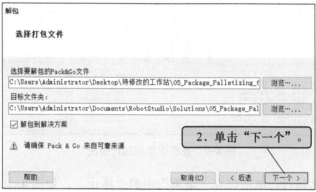

图 4-8　工作站解压过程

单击"仿真"菜单中的"播放"，如图4-9所示，即可查看该机器人工作站的运行情况。

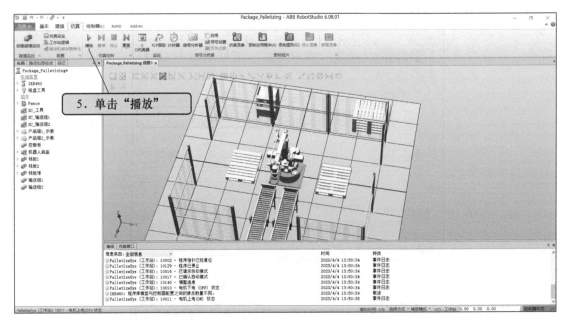

图4-9　查看工作站运行情况

若想停止工作站运行，单击仿真"菜单"中的"停止"，如图4-10所示。

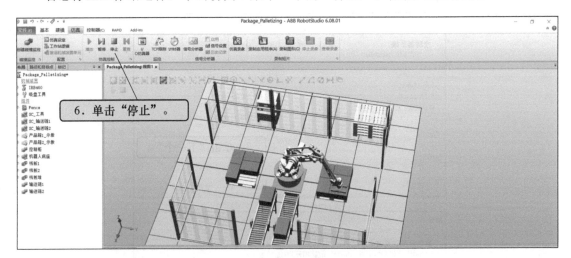

图4-10　停止运行

4.4.2　工业机器人 I/O 设置

1）在此工作站中配置1个DSQC 652通信板卡（数字量16进16出），总线地址为10。在示教器中单击"菜单"—"控制面板"—"配置"—"DeviceNet Device"，可查看该I/O板块Board10的设置。具体操作如下：

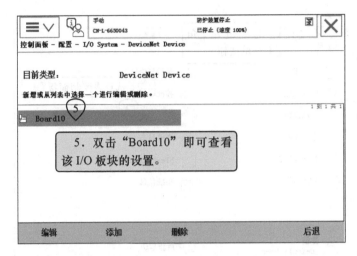

2）在系统中定义 DSQC 652 板卡，具体操作步骤如下：

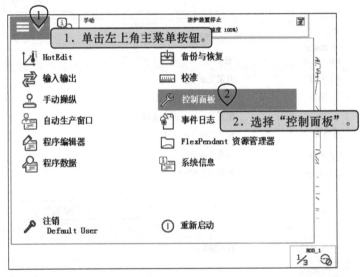

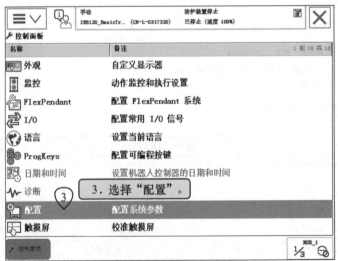

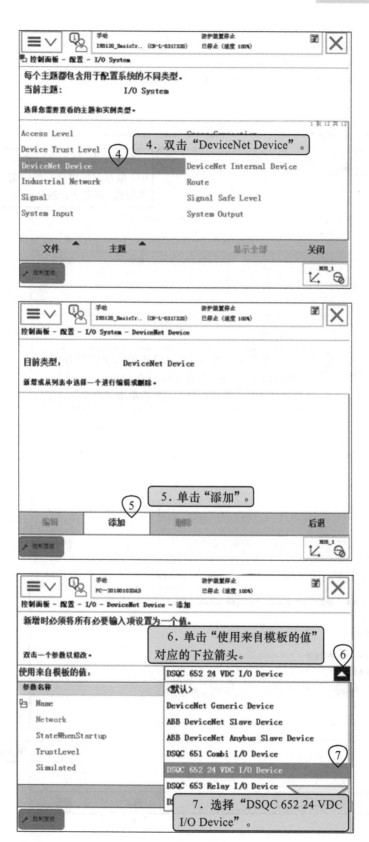

控制面板 - 配置 - I/O - DeviceNet Device - 添加

新增时必须将所有必要输入项设置为一个值。

双击一个参数以修改。

使用来自模板的值: DSQC 652 24 VDC I/O Device

参数名称	值
Name	d652
Network	DeviceNet
StateWhenStartup	Activated
TrustLevel	DefaultTrustLevel
Simulated	0

确定　　　取消

8. 双击 "Name" 进行 DSQC 652 板在系统中名字的设定（如果不修改，则名字是默认的 "d652"）。

Name

Board10

9. 在系统中将 DSQC 652 板的名字设定为 "Board10"（10 代表此模块在 DeviceNet 总线中的地址，方便识别），然后单击 "确定"。

| 1 | 2 |

q w e r t y u i o p [ ]
CAP a s d f g h j k l ; ' +
Shift z x c v b n m , . / Home
Int'l \ ↑ ↓ ← → End

确定　　　取消

控制面板 - 配置 - I/O System - DeviceNet Device - Board10

名称: Board10

双击一个参数以修改。

参数名称	值	1 到 6 共 19
Name	Board10	
Network	DeviceNet	
StateWhenStartup	Activated	
TrustLevel	DefaultTrustLevel	
Simulated	0	
VendorName	ABB Robotics	

10. 单击向下翻页箭头。

确定　　　取消

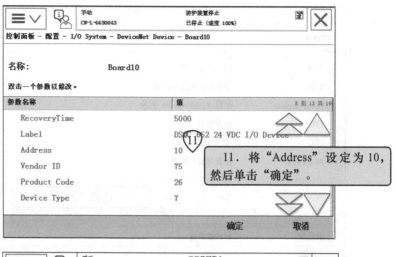

11. 将"Address"设定为10，然后单击"确定"。

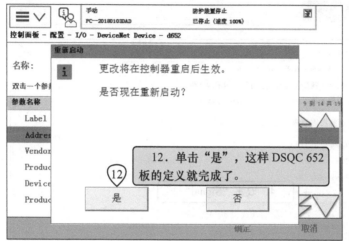

12. 单击"是"，这样 DSQC 652 板的定义就完成了。

3）在此工作站中共设置了7个数字输入输出信号，在示教器中单击"菜单"—"控制面板"—"配置"—"Signal"，可查看这些 I/O 信号的设置。具体操作步骤如下：

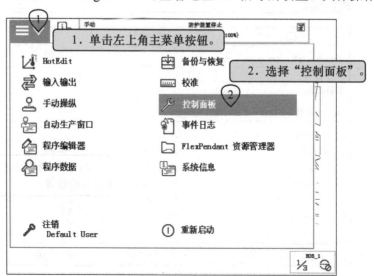

1. 单击左上角主菜单按钮。

2. 选择"控制面板"。

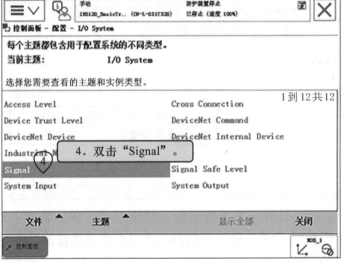

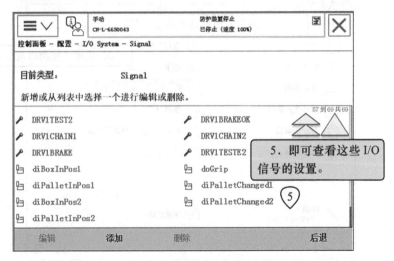

各 I/O 信号说明如下：

① diBoxInPos1：数字输入信号，1 号输送链末端检测纸箱到位传感器，如图 4-11 所示。

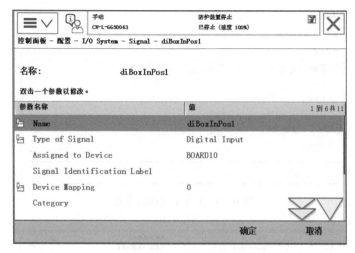

图 4-11　1 号输送链设置

② diBoxInPos2：数字输入信号，2 号输送链末端检测纸箱到位传感器，如图 4-12 所示。

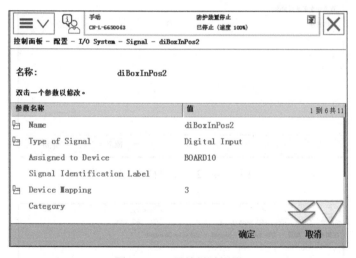

图 4-12　2 号输送链设置

③ diPalletInPos1：数字输入信号，1 号工位栈板检测到位信号，如图 4-13 所示。

④ diPalletInPos2：数字输入信号，2 号工位栈板检测到位信号，如图 4-14 所示。

⑤ diPalletChanged1：数字输入信号，人工更换满载的 1 号栈板后，触发 1 号工位栈板已更换信号，则工业机器人将 1 号工位当前数据复位，可再次执行 1 号工位码垛任务，如图 4-15 所示。

⑥ diPalletChanged2：数字输入信号，人工更换满载的 2 号栈板后，触发 2 号工位栈板已更换信号，则工业机器人将 2 号工位当前数据复位，可再次执行 2 号工位码垛任务，如图 4-16 所示。

图 4-13　1号工位栈板设置

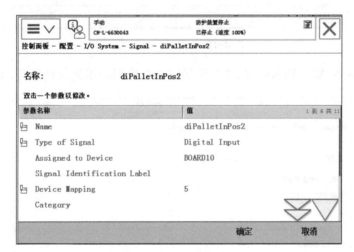

图 4-14　2号工位栈板设置

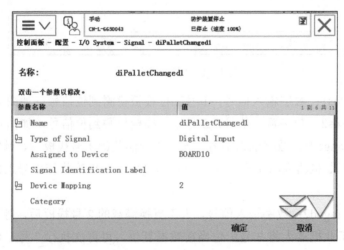

图 4-15　1号工位码垛任务

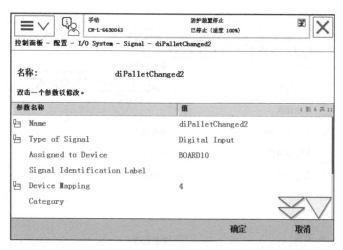

图 4-16　2 号工位码垛任务

⑦ doGrip：数字输出信号，用于控制真空吸盘动作，如图 4-17 所示。

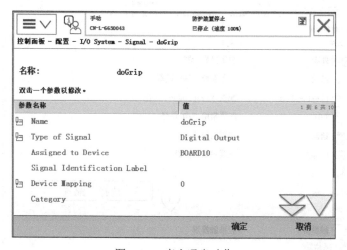

图 4-17　真空吸盘动作

4）定义 I/O 信号。以定义数字输入信号 diBoxInPos1 为例，其他信号设置的方法与其相同。数字输入信号 diBoxInPos1 的相关参数见表 4-1。

表 4-1　数字输入信号 diBoxInPos1 的相关参数

参 数 名 称	设 定 值	说　　明
Name	diBoxInPos1	设定数字输入信号的名字
Type of Signal	Digital Input	设定信号的类型
Assigned to Device	Board10	设定信号所在的 I/O 模块
Device Mapping	0	设定信号所占用的地址

其具体操作如下：

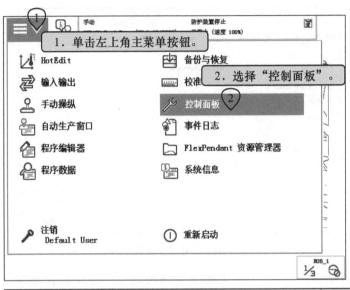

1. 单击左上角主菜单按钮。

2. 选择"控制面板"。

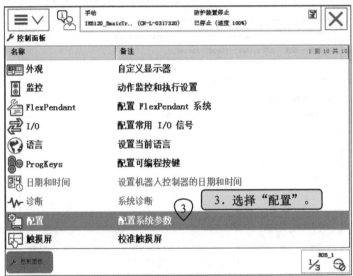

3. 选择"配置"。

4. 双击"Signal"。

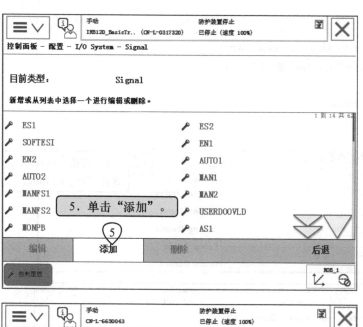

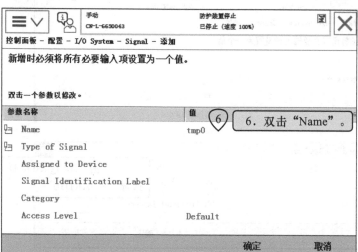

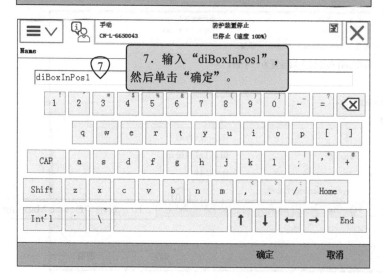

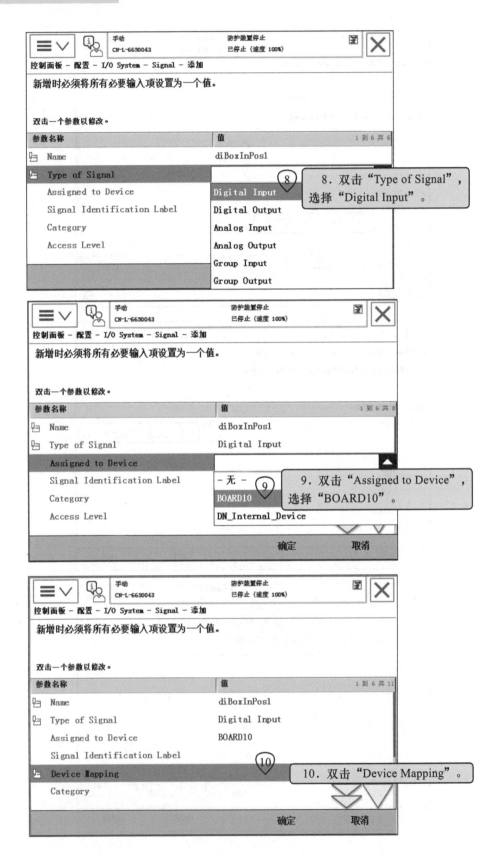

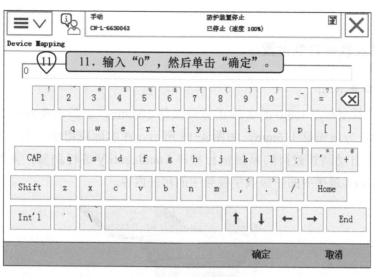

11. 输入 "0" , 然后单击 "确定" 。

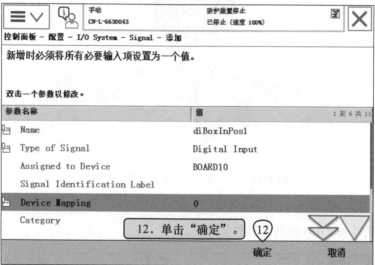

12. 单击 "确定" 。

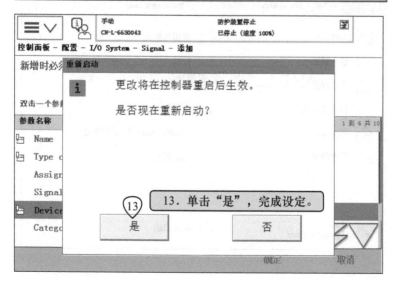

13. 单击 "是" , 完成设定。

4.4.3 坐标系及载荷数据设置

1. 工具坐标系 tGrip

沿着默认工具坐标系 tool0 的 Z 轴正方向偏移 200mm；工具本身负载 20kg，重心沿着 tool0 的 Z 轴正方向偏移 116mm，如图 4-18 所示。在实际应用中，工具本身负载可通过机器人系统中自动测算载荷的系统例行程序 LoadIdentify 进行测算，测算方法可参考 www.robotpartner.cn 链接中的中级教学视频中的相关内容。

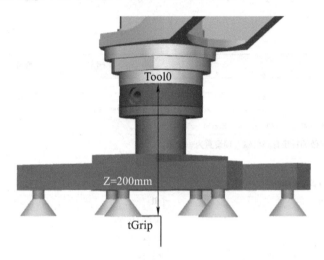

图 4-18 工具坐标系 tGrip 定义示意图

设置工具坐标系 tGrip 的具体操作如下：

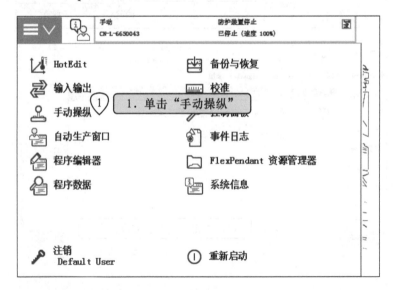

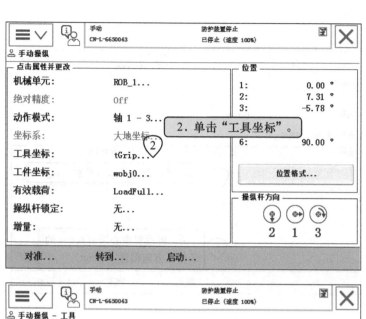

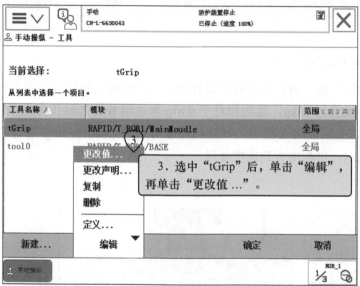

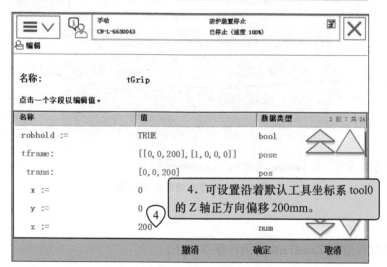

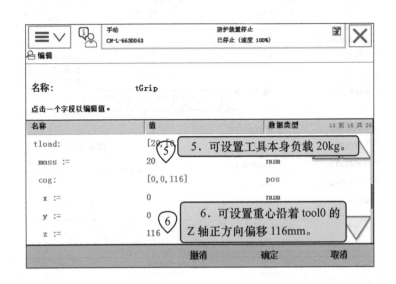

2. 有效载荷数据 LoadFull

可在手动操作界面中的有效载荷中查看到，工业机器人所拾取的产品箱的负载信息，当前产品箱本身重量为 40kg，重心相对于 tGrip 来说沿着其 Z 轴正方向偏移了 50mm，如图 4-19 所示；在实际应用过程中，有效载荷也可通过 LoadIdentify 进行测算；此外，还设置了 LoadEmpty，作为空负载数据使用。

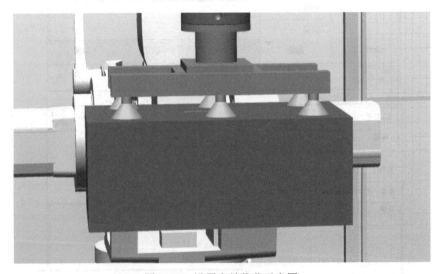

图 4-19　设置有效载荷示意图

设置有效载荷数据 LoadFull 的具体操作如下：

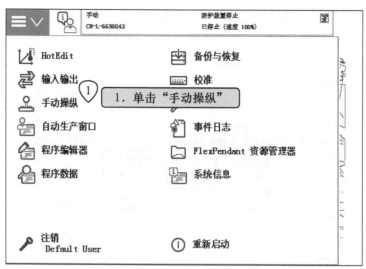

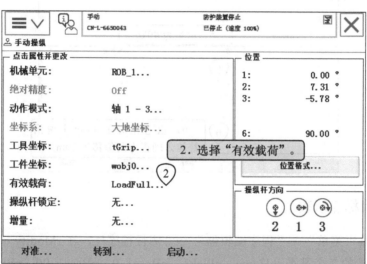

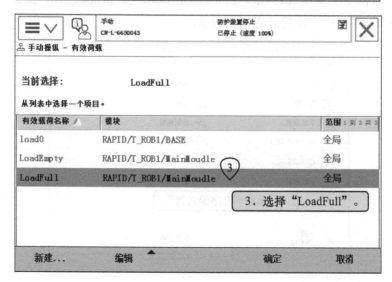

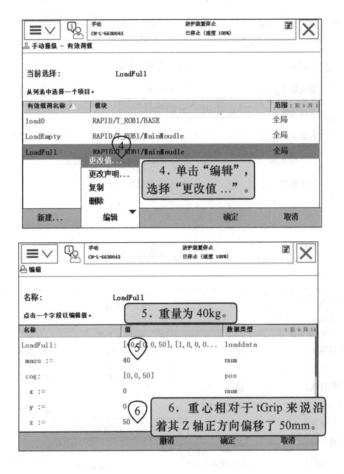

4.4.4 基准目标点示教

单击示教器"菜单"—"程序编辑器"—"例行程序",在 rModify 中可找到在此工作站中需要示教的 7 个基准 :pHome、pPick1、pBase1_0、pBase1_90、pPick2、pBase2_0 和 pBase2_90。基准目标点设置过程如下所示:

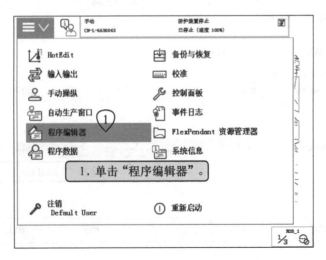

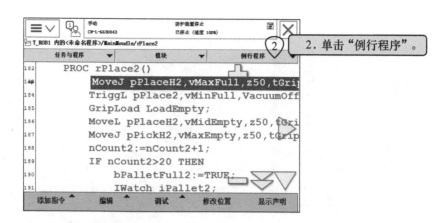

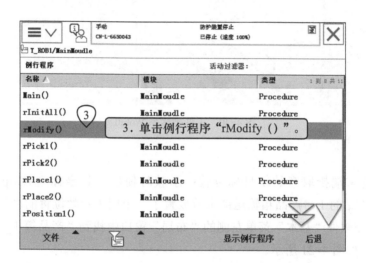

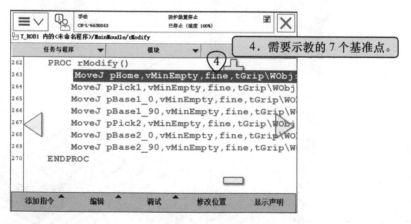

各基准点说明如下：

1. pHome

工业机器人工作等待位置，示教时使用工具坐标系 tGrip、工件坐标系 Wobj0，如图 4-20 所示。

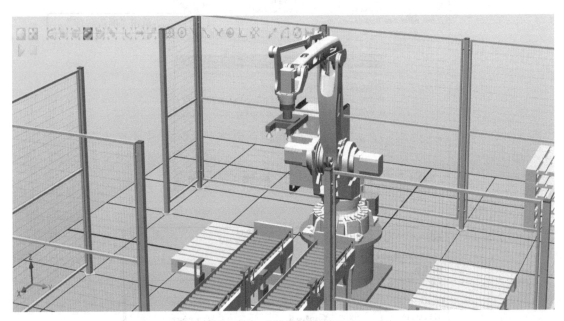

图 4-20　工件坐标系 Wobj0

2. pPick1

1 号输送链末端拾取产品箱目标位置；示教时使用工具坐标系 tGrip、工件坐标系 Wobj0; 在本工作站的 1 号产品箱输送链末端放置了一个用于示教位置的产品箱，其默认为 "隐藏"，可以在软件 "基本" 菜单左侧的 "布局" 窗口中找到 "产品箱 1_ 示教"，右击，设为 "可见"，如图 4-21 所示。

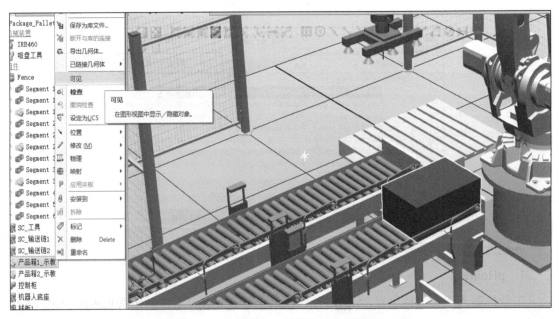

图 4-21　"产品箱 1_ 示教"设为"可见"

　　将工业机器人移至拾取位置示教完成后，可将此产品箱直接安装到吸盘工具上，模拟真实应用过程中的真空拾取效果，右击"产品箱_示教"，单击"安装到"，选择"吸盘工具"，在弹出的对话框中询问是否更新位置，单击"No"，如图 4-22 所示。

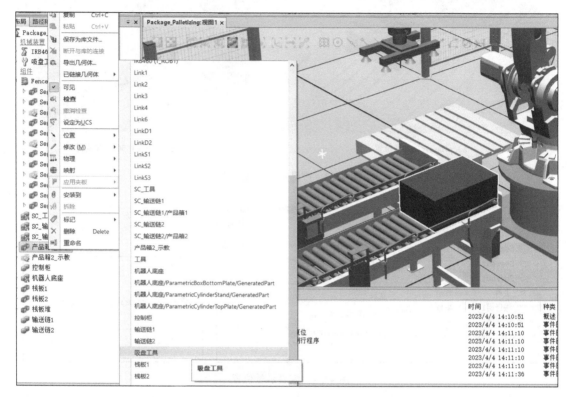

图 4-22　吸盘工具安装

3. pBase1_0

　　1 号栈板放置基准位置，姿态如图 4-23a 所示，此栈板上其他放置位置若姿态与此基准相同，则可通过偏移算法计算得出，示教时使用工具坐标系 tGrip、工件坐标系 Wobj0。

4. pBase1_90

　　1 号栈板放置基准位置，姿态如图 4-23b 所示，此栈板上其他放置位置若姿态与此基准相同，则可通过偏移算法计算得出，示教时使用工具坐标系 tGrip、工件坐标系 Wobj0。

　　示教完成后，将"产品箱 1_示教"从吸盘工具上拆除，右击"产品箱 1_示教"，单击"拆除"，在弹出的对话框中询问是否希望恢复位置，单击"Yes"，则该产品箱自动回到初始位置，如图 4-24 所示。

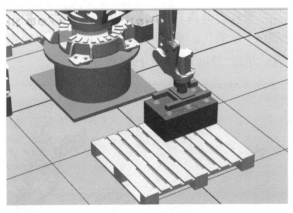
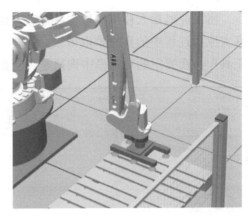

a）pBase1_0 基准位置   b）pBase1_90 基准位置

图 4-23　产品箱放入栈板中

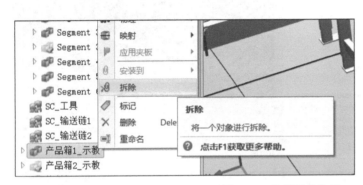
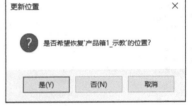

图 4-24　恢复示教位置

右击"产品箱 1_示教"，取消勾选"可见"，将其隐藏，如图 4-25 所示。

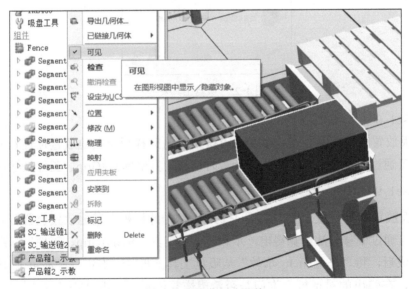

图 4-25　隐藏部分配件

　　然后按照上述示教 1 号输送链的步骤，示教 2 号输送链的相关目标位置，2 号输送链末端也放置了一个用于示教位置的"产品箱 2_ 示教"，各位置可参考图 4-26 ～图 4-28 所示。

1）pPick2，如图 4-26 所示。

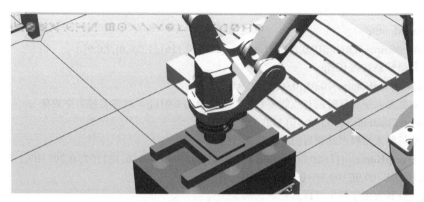

图 4-26　pPick2

2）pBase2_0，如图 4-27 所示。

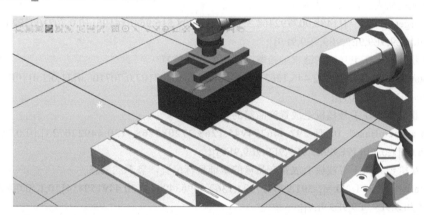

图 4-27　pBase2_0

3）pBase2_90，如图 4-28 所示。

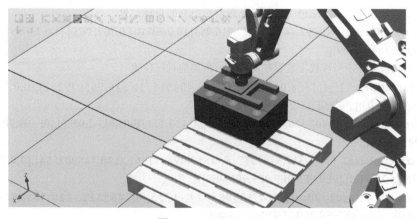

图 4-28　pBase2_90

示教完成后，参考1号输送链的方法，将产品箱2_示教拆除，并恢复至原位置使其隐藏。

4.4.5　程序解析

```
MODULEMainMoudle
    PERStooldatatGrip:=[TRUE,[[0,0,200],[1,0,0,0]],[20,[0,0,116],[1,0,0,0],0,0,0]];
    ! 定义工具坐标系数据 tGrip
    PERSloaddataLoadEmpty:=[0.01,[0,0,1],[1,0,0,0],0,0,0];
    ! 定义工业机器人空负载时的有效载荷数据，重量设为 0.01kg，可将其视为空载荷
    PERSloaddataLoadFull:=[40,[0,0,50],[1,0,0,0],0,0,0];
    ! 定义工业机器人拾取产品箱后的有效载荷数据
    PERSrobtargetpHome:=[[1620.00,-0.00,1331.59],[1.27986E-06,-0.707107,-0.707107,1.27986E-06],
[0,0,1,0],[9E+09,9E+09,9E+09,9E+09,9E+09,9E+09]];
    ! 定义工业机器人工作原位目标点
    PERSrobtargetpActualPos:=[[-407.526,-1755.9,1331.59],[1.76314E-06,-1,3.12765E-05,-4.09149E-07],
[-2,0,0,0],[9E+09,9E+09,9E+09,9E+09,9E+09,9E+09]];
    ! 定义工业机器人工作原位目标点
    PERSrobtarget pPick1:=[[1488.007792464,376.826660408,516.964684195],[0,0.707106307,0.70710725
6,0],[0,0,1,0],[9E9,9E9,9E9,9E9,9E9,9E9]];
    ! 定义工业机器人在 1 号输送链末端拾取产品箱的目标位置
    PERSrobtarget pPlace1:=[[-292.446,1263.27,-120.449],[0,0.707107,0.707106,0],[1,0,2,0],[9E+09,9E+09,
9E+09,9E+09,9E+09]];
    ! 定义工业机器人在 1 号栈板上放置产品箱的目标位置
    PERSrobtarget pBase1_0:=[[-292.446294945,1263.272085268,-120.449220723],[0,0.707107387,
0.707106176,0],[1,0,2,0],[9E9,9E9,9E9,9E9,9E9,9E9]];
    ! 定义工业机器人在 1 号栈板上放置产品箱的基准目标位置，竖着的姿态
    PERSrobtarget pBase1_90:=[[-391.976797324,1362.469634994,-120.449159414],[0,1,-0.000030621,0],
[1,0,3,0],[9E9,9E9,9E9,9E9,9E9,9E9]];
    ! 定义工业机器人在 1 号栈板上放置产品箱的基准目标位置，横着的姿态
    PERSrobtarget pPickH1:=[[1488.01,376.827,916.965],[0,0.707106,0.707107,0],[0,0,1,0],[9E+09,9E+09,
9E+09,9E+09,9E+09]];
    ! 定义工业机器人在 1 号输送链上拾取产品箱前后抬高的目标位置
    PERSrobtarget pPlaceH1:=[[-292.446,1263.27,916.965],[0,0.707107,0.707106,0],[1,0,2,0],[9E+09,9E+09,
9E+09,9E+09,9E+09]];
    ! 定义工业机器人在 1 号栈板上放置产品箱前后抬高的目标位置
    PERSrobtarget pPick2:=[[1488.013130905,-358.406014736,516.965039287],[0,0.707106307,
0.707107256,0],[-1,0,0,0],[9E9,9E9,9E9,9E9,9E9,9E9]];
    PERSrobtarget pPlace2:=[[-407.526,-1755.9,119.551],[0,1,-3.1217E-05,0],[-2,0,0,0],[9E+09,9E+09,
9E+09,9E+09,9E+09]];
    PERSrobtarget pBase2_0:=[[-317.378137718,-1857.993871961,-120.448967354],[0,0.707107745,
0.707105817,0],[-2,0,-1,0],[9E9,9E9,9E9,9E9,9E9,9E9]];
    PERSrobtarget pBase2_90:=[[-407.525988074,-1755.902485322,-120.449282402],[0,1,
-0.000031217,0],[-2,0,0,0],[9E9,9E9,9E9,9E9,9E9,9E9]];
```

```
    PERSrobtarget pPickH2:=[[1488.01,-358.406,916.965],[0,0.707106,0.707107,0],[-1,0,0,0],[9E+09,9E+09,
9E+09,9E+09,9E+09,9E+09]];
    PERSrobtarget pPlaceH2:=[[-407.526,-1755.9,916.965],[0,1,-3.1217E-05,0],[-2,0,0,0],[9E+09,9E+09,
9E+09,9E+09,9E+09,9E+09]];
    ! 定义 2 号工位中的相应目标位置，可参考 1 号工位的说明
PERSspeeddatavMinEmpty:=[1500,200,5000,1000];
PERSspeeddatavMidEmpty:=[3000,400,5000,1000];
PERSspeeddatavMaxEmpty:=[6000,500,5000,1000];
PERSspeeddatavMinFull:=[1000,200,5000,1000];
PERSspeeddatavMidFull:=[1800,400,5000,1000];
    PERSspeeddatavMaxFull:=[4000,500,5000,1000];
    ! 依次定义不同的速度数据，用于不同的运动过程
PERSbool bPalletFull1:=FALSE;
    PERSbool bPalletFull2:=FALSE;
    ! 定义 1、2 号工位码垛满载布尔量，作为满载标记，用于后续的逻辑控制
PERSnum nCount1:=1;
    PERSnum nCount2:=1;
    ! 定义 1、2 号工位码垛计数器，用于计数
    PERSnumL:=600;
    ! 定义产品箱长度 L，600mm
    PERSnumW:=400;
    ! 定义产品箱长度 W，400mm
    PERSnumH:=240;
    ! 定义产品箱高度 H，240mm
    PERSnumG:=10;
    ! 定义产品箱摆放之间的间隔距离 G,10mm
PERSstoppointdataStopPick:=[2,FALSE,[0,0,0,0],0.5,0,"",0,0];
    ! 定义拾取产品箱时的停止点数据，为 Stoptime 类型，在拾取位置处固定等待 0.5s
PERSstoppointdataStopPlace:=[2,FALSE,[0,0,0,0],0.4,0,"",0,0];
    ! 定义放置产品箱时的停止点数据，为 Stoptime 类型，在拾取位置处固定等待 0.4s
    VARtriggdataVacuumOn;
    ! 定义触发数据，用于在拾取过程中提前置位真空打开信号
    VARtriggdataVacuumOff;
    ! 定义触发数据，用于在放置过程中提前置位真空关闭信号
    VARintnum iPallet1;
    VARintnum iPallet2;
    ! 定义 1、2 号工位中断数据，用于触发更换栈板后的工业机器人复位中断程序

    PROCMain()
    ! 声明主程序
rInitAll;
! 程序起始位置调用初始化程序，用于复位工业机器人位置、信号、数据等
```

```
WHILE TRUE DO
! 采用 WHILE TRUE DO 无限循环结构，将工业机器人需要重复运行的动作与初始化程序隔离开
IFdiBoxInPos1=1 ANDdiPalletInPos1=1 AND bPalletFull1=FALSETHEN
! 判断 1 号工位条件，必须满足产品箱到位、栈板到位、栈板未满三个条件方可执行
        rPosition1;
! 调用 1 号工位位置计算程序
        rPick1;
! 调用 1 号工位拾取程序
        rPlace1;
! 调用 1 号工位放置程序
ENDIF
IFdiBoxInPos2=1 ANDdiPalletInPos2=1 AND bPalletFull2=FALSETHEN
! 判断 2 号工位条件，必须满足产品箱到位、栈板到位、栈板未满三个条件方可执行
        rPosition2;
! 调用 2 号工位位置计算程序
        rPick2;
! 调用 2 号工位拾取程序
        rPlace2;
! 调用 2 号工位放置程序
ENDIF
WaitTime 0.1;
! 等待 0.1s，防止当两个工位均不满足码垛条件时 CPU 高速扫描而造成过热报警
ENDWHILE
ENDPROC


  PROCrInitAll()
   ! 声明初始化程序
VelSet 90,6000;
! 速度百分比设为 90%，最高速度限值为 6000mm/s
AccSet 95,95;
! 加速度与减速度百分比设为 95%，加速度坡度值设为 95%
ConfJ\Off;
ConfL\Off;
! 关闭直线运动、关节运动的轴配置监控
ResetdoGrip;
! 复位吸盘工具真空信号
pActualPos:=CRobT(\tool:=tGrip);
pActualPos.trans.z:=pHome.trans.z;
MoveLpActualPos,vMinEmpty,fine,tGrip\WObj:=wobj0;
MoveJpHome,vMidEmpty,fine,tGrip\WObj:=wobj0;
! 自动返回工作原位 HOME 点，从当前位置竖直抬升到与 HOME 一样的高度后再回到 HOME 点，具
体内容可参考第 4 章中相关内容
    bPalletFull1:=FALSE;
```

！复位 1 号工位栈板满载标识

    nCount1:=1;

！复位 1 号工位码垛计数器

    bPalletFull2:=FALSE;

    nCount2:=1;

！复位 2 号工位的栈板满载标识、计数器

IDelete iPallet1;

CONNECT iPallet1 WITH tPallet1;

ISignalDIdiPalletChanged1,1,iPallet1;

！定义 1 号工位满载栈板更换后的复位中断程序，当栈板码垛满载后，需要人工更换一个空的栈板，更换完成后通过外部触发对应工位的栈板更换完成信号，从而使得机器人系统自动执行该工位的复位操作

ISleep iPallet1;

！暂时休眠 1 号工位栈板更换后的复位中断程序

IDelete iPallet2;

CONNECT iPallet2 WITH tPallet2;

ISignalDIdiPalletChanged2,1,iPallet2;

ISleep iPallet1;

！定义 1 号工位满载栈板更换后的复位中断程序，定义完成后暂时休眠

TriggEquip VacuumOn,0,0.2;DOp:=doGrip,1;

！定义拾取过程中提前置位真空建立信号，提前量为 0.2s

TriggEquip VacuumOff,0,0.2;DOp:=doGrip,0;

！定义放置过程中提前复位真空信号，提前量为 0.2s

ENDPROC

    PROC rPick1()

    ！声明 1 号工位拾取程序

MoveJ pPickH1,vMaxEmpty,z50,tGrip\WObj:=wobj0;

！利用 MoveJ 移动至 1 号工位拾取位置上方目标点

TriggL pPick1,vMinEmpty,VacuumOn,z0\Inpos:=StopPick,tGrip\WObj:=wobj0;

！移动至 1 号工位拾取位置，并且提前 0.2s 置位真空建立信号，在该位置停止 0.5s

GripLoadLoadFull;

！拾取完成后，加载有效载荷数据 LoadFull

MoveL pPickH1,vMidFull,z50,tGrip\WObj:=wobj0;

！移动至 1 号工位拾取位置上方目标点

ENDPROC

    PROC rPlace1()

    ！声明 1 号工位放置程序

MoveJ pPlaceH1,vMaxFull,z50,tGrip\WObj:=wobj0;

！移动至 1 号工位放置位置上面目标点

TriggL pPlace1,vMinFull,VacuumOff,z0\Inpos:=StopPlace,tGrip\WObj:=wobj0;

！移动至 1 号工位放置位置，并且提前 0.2s 复位真空信号，在该位置停止 0.4s

GripLoadLoadEmpty;

！放置完成后加载空载荷数据 LoadEmpty

MoveL pPlaceH1,vMidEmpty,z50,tGrip\WObj:=wobj0;

！移动至 1 号工位放置位置上面目标点

MoveJ pPickH1,vMaxEmpty,z50,tGrip\WObj:=wobj0;

！移动至 1 号工位拾取位置上面目标点

    nCount1:=nCount1+1;

！计数器累计加 1

IF nCount1>20 THEN

！判断当前计数器数值是否大于 20，栈板上码垛 20 即视为满载

    bPalletFull1:=TRUE;

！若满载，则置位满载标识

IWatch iPallet1;

！激活 1 号工位栈板更换复位中断程序，监控信号状态，若信号有上升沿则触发对应中断程序

ENDIF

ENDPROC

    PROC rPosition1()

    ！声明 1 号工位位置计算程序

TEST nCount1

！判断当前 1 号工位计数器数值

！栈板上奇数层、偶数层摆放方式如图 4-29 所示，每个工位分别示教了 2 个基准点，均位于栈板的第一层，其中 pBase_0 为竖着的姿态，pBase_90 为横着的姿态，对应 1 号工位的 2 个基准点分别为 pBase1_0 和 pBase1_90，其他位置均是相对于这两个基准点偏移相应的产品箱长度 L、宽度 W、高度 H，并且再加上产品箱之间的摆放间隔 G

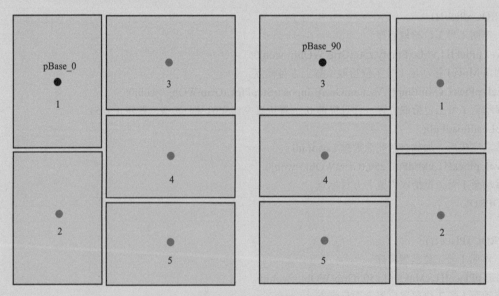

图 4-29　栈板上奇数层、偶数层摆放方式

CASE 1:

    pPlace1:=Offs(pBase1_0,0,0,0);

！计算第一个摆放位置
CASE 2:
     pPlace1:=Offs(pBase1_0,L+G,0,0);
！计算第二个摆放位置，相对于基准 pBase1_0，沿着工件坐标系的 X 方向偏移一个产品箱的长度再加上一个间隔
CASE 3:
     pPlace1:=Offs(pBase1_90,0,W+G,0);
！计算第三个摆放位置，相对于基准 pBase1_90，沿着工件坐标系的 Y 方向偏移一个产品箱的宽度再加上一个间隔
！依次类推，在对应的 CASE 里面分别计算对应的摆放位置
CASE 4:
     pPlace1:=Offs(pBase1_90,W+G,W+G,0);
CASE 5:
     pPlace1:=Offs(pBase1_90,2*W+2*G,W+G,0);
CASE 6:
     pPlace1:=Offs(pBase1_0,0,L+G,H);
CASE 7:
     pPlace1:=Offs(pBase1_0,L+G,L+G,H);
CASE 8:
     pPlace1:=Offs(pBase1_90,0,0,H);
CASE 9:
     pPlace1:=Offs(pBase1_90,W+G,0,H);
CASE 10:
     pPlace1:=Offs(pBase1_90,2*W+2*G,0,H);
CASE 11:
     pPlace1:=Offs(pBase1_0,0,0,2*H);
CASE 12:
     pPlace1:=Offs(pBase1_0,L+G,0,2*H);
CASE 13:
     pPlace1:=Offs(pBase1_90,0,W+G,2*H);
CASE 14:
     pPlace1:=Offs(pBase1_90,W+G,W+G,2*H);
CASE 15:
     pPlace1:=Offs(pBase1_90,2*W+2*G,W+G,2*H);
CASE 16:
     pPlace1:=Offs(pBase1_0,0,L+G,3*H);
CASE 17:
     pPlace1:=Offs(pBase1_0,L+G,L+G,3*H);
CASE 18:
     pPlace1:=Offs(pBase1_90,0,0,3*H);
CASE 19:
     pPlace1:=Offs(pBase1_90,W+G,0,3*H);

```
CASE 20:
    pPlace1:=Offs(pBase1_90,2*W+2*G,0,3*H);
DEFAULT:
Stop;
```
! 若当前计数器数值不为上述的任何一个值，则认为计数出错，立即停止程序运行
```
ENDTEST
    pPickH1:=Offs(pPick1,0,0,400);
```
! 拾取前后位置是相对于拾取位置沿着工件坐标系 Z 方向偏移 400mm
```
    pPlaceH1:=Offs(pPlace1,0,0,400);
```
! 放置前后位置是相对于放置位置沿着工件坐标系 Z 方向偏移 400mm

! 为了保证拾取前后位置与放置前后位置直接的来回运动不会与周边发生碰撞，在完成上述基本运算之后，还需比较两者高度值的情况，谁高度值大则以其高度值为准，保证两者运动之间保持同一高度，可尽量避免发生碰撞，当然运动过程中可能会损失少许节拍；各目标点之间的相对位置关系可参考图 4-30所示

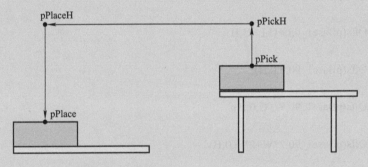

图 4-30　各目标点之间的相对位置关系

```
IFpPickH1.trans.z<=pPlaceH1.trans.z THEN
pPickH1.trans.z:=pPlaceH1.trans.z;
```
! 若 pPlaceH 的高度 Z 值大，则将 pPlaceH 的 Z 值赋值给 pPickH
```
ELSE
pPlaceH1.trans.z:=pPickH1.trans.z;
```
! 反之，则将 pPickH 的高度 Z 值赋值给 pPlaceH
```
ENDIF
ENDPROC


  PROC rPick2()
```
! 声明 2 号工位拾取程序，相关内容可参考 1 号工位
```
MoveJ pPickH2,vMaxEmpty,z50,tGrip\WObj:=wobj0;
TriggL pPick2,vMinEmpty,VacuumOn,z0\Inpos:=StopPick,tGrip\WObj:=wobj0;
GripLoadLoadFull;
MoveL pPickH2,vMidFull,z50,tGrip\WObj:=wobj0;
```

```
ENDPROC

PROC rPlace2()
    ！声明 2 号工位放置程序，相关内容可参考 1 号工位
MoveJ pPlaceH2,vMaxFull,z50,tGrip\WObj:=wobj0;
TriggL pPlace2,vMinFull,VacuumOff,z0\Inpos:=StopPlace,tGrip\WObj:=wobj0;
GripLoadLoadEmpty;
MoveL pPlaceH2,vMidEmpty,z50,tGrip\WObj:=wobj0;
MoveJ pPickH2,vMaxEmpty,z50,tGrip\WObj:=wobj0;
    nCount2:=nCount2+1;
IF nCount2>20 THEN
        bPalletFull2:=TRUE;
IWatch iPallet2;
ENDIF
    ENDPROC

PROC rPosition2()
    ！声明 2 号工位位置计算程序，相关内容可参考 1 号工位
TEST nCount2
CASE 1:
        pPlace2:=Offs(pBase2_0,0,0,0);
CASE 2:
        pPlace2:=Offs(pBase2_0,L+G,0,0);
CASE 3:
        pPlace2:=Offs(pBase2_90,0,W+G,0);
CASE 4:
        pPlace2:=Offs(pBase2_90,W+G,W+G,0);
CASE 5:
        pPlace2:=Offs(pBase2_90,2*W+2*G,W+G,0);
CASE 6:
        pPlace2:=Offs(pBase2_0,0,L+G,H);
CASE 7:
        pPlace2:=Offs(pBase2_0,L+G,L+G,H);
CASE 8:
        pPlace2:=Offs(pBase2_90,0,0,H);
CASE 9:
        pPlace2:=Offs(pBase2_90,W+G,0,H);
CASE 10:
        pPlace2:=Offs(pBase2_90,2*W+2*G,0,H);
```

```
CASE 11:
     pPlace2:=Offs(pBase2_0,0,0,2*H);
CASE 12:
     pPlace2:=Offs(pBase2_0,L+G,0,2*H);
CASE 13:
     pPlace2:=Offs(pBase2_90,0,W+G,2*H);
CASE 14:
     pPlace2:=Offs(pBase2_90,W+G,W+G,2*H);
CASE 15:
     pPlace2:=Offs(pBase2_90,2*W+2*G,W+G,2*H);
CASE 16:
     pPlace2:=Offs(pBase2_0,0,L+G,3*H);
CASE 17:
     pPlace2:=Offs(pBase2_0,L+G,L+G,3*H);
CASE 18:
     pPlace2:=Offs(pBase2_90,0,0,3*H);
CASE 19:
     pPlace2:=Offs(pBase2_90,W+G,0,3*H);
CASE 20:
     pPlace2:=Offs(pBase2_90,2*W+2*G,0,3*H);
DEFAULT:
Stop;
ENDTEST

     pPickH2:=Offs(pPick2,0,0,400);
     pPlaceH2:=Offs(pPlace2,0,0,400);
IFpPickH2.trans.z<=pPlaceH2.trans.z THEN
pPickH2.trans.z:=pPlaceH2.trans.z;
ELSE
pPlaceH2.trans.z:=pPickH2.trans.z;
ENDIF
ENDPROC

  TRAP tPallet1
  ! 声明 1 号中断程序, 当更换栈板完成信号触发后, 则执行该程序里的内容
     bPalletFull1:=FALSE;
! 复位 1 号工位栈板满载标识
     nCount1:=1;
! 复位 1 号工位计数器
ISleep iPallet1;
```

！休眠 1 号工位中断程序，这样配合之前的休眠与激活，目的是保证在指定的一段时间内，保持该中断是可以被触发的，其他时间段内不可触发；在本工作站中是希望在当前工位码垛完成后到人工更换栈板这一段时间内，该中断可被触发，当工业机器人正在执行此工位码垛任务时不允许该中断触发，这对工作站运行来说较为安全

ENDTRAP

    TRAP tPallet2

    ！声明 2 号工位中断程序，相关内容可参考 1 号工位

      bPalletFull2:=FALSE;

      nCount2:=1;

ISleep iPallet2;

ENDTRAP

    PROCrModify()

    ！声明目标点示教程序，此程序在工业机器人运行过程中不被调用，仅用于手动示教目标点时使用，便于操作者快速示教该工作站所需基准目标点位

MoveJpHome,vMinEmpty,fine,tGrip\WObj:=wobj0;

！将工业机器人移至工业机器人工作等待位置，可选中此条指令或 pHome 点，单击示教器程序编辑器界面中的"修改位置"，即可完成对该基准目标点的示教

MoveJ pPick1,vMinEmpty,fine,tGrip\WObj:=wobj0;

！将工业机器人移至 1 号工位拾取位置，可选中此条指令或 pPick1 点，单击示教器程序编辑器界面中的"修改位置"，即可完成对该基准目标点的示教

MoveJ pBase1_0,vMinEmpty,fine,tGrip\WObj:=wobj0;

！将工业机器人移至 1 号工位放置基准位置，竖着的姿态，可选中此条指令或 pBase1_0 点，单击示教器程序编辑器界面中的"修改位置"，即可完成对该基准目标点的示教

MoveJ pBase1_90,vMinEmpty,fine,tGrip\WObj:=wobj0;

！将工业机器人移至 1 号工位放置基准位置，横着的姿态，可选中此条指令或 pBase1_90 点，单击示教器程序编辑器界面中的"修改位置"，即可完成对该基准目标点的示教

MoveJ pPick2,vMinEmpty,fine,tGrip\WObj:=wobj0;

！将工业机器人移至 2 号工位拾取位置，可选中此条指令或 pPick2 点，单击示教器程序编辑器界面中的"修改位置"，即可完成对该基准目标点的示教

MoveJ pBase2_0,vMinEmpty,fine,tGrip\WObj:=wobj0;

！将工业机器人移至 2 号工位放置基准位置，竖着的姿态，可选中此条指令或 pBase2_0 点，单击示教器程序编辑器界面中的"修改位置"，即可完成对该基准目标点的示教

MoveJ pBase2_90,vMinEmpty,fine,tGrip\WObj:=wobj0;

！将工业机器人移至 2 号工位放置基准位置，横着的姿态，可选中此条指令或 pBase2_90 点，单击示教器程序编辑器界面中的"修改位置"，即可完成对该基准目标点的示教

ENDPROC

ENDMODULE

4.5 课后练习

本机器人码垛工作站承接 2、3 章中的搬运、装箱工作站，在此工作站中主要是让读者对机器人码垛工作站有一个系统的认识，了解工作站布局以及各设备之间的通信设置，编程方面聚焦于触发指令 Trigg 的用法，停止点数据 StopPointdata 的用法，轴配置指令 ConfL、ConfJ 的用法，中断程序等内容。

读者学习完本章中的内容后，可尝试做以下练习：

1）改变摆放规则以及数量，做出相应的程序调整。

2）在码垛箱类产品时，为避免箱子之间在码垛过程中发生碰撞，除了采用保持一定的间隔的做法外，还可通过接近靠拢的方式，读者自行思考一下如何更改程序内容。

3）拾取前后位置与放置前后位置之间的运动需要考虑碰撞的问题，除了本章中提到的做法之外，读者思考一下有没有更好的方法。

第 5 章　行李箱拆垛

5.1　学习目标

通过本机器人工作站的介绍，读者可学习如下知识：

- ○　拆垛工作站的构成
- ○　信号组的设置与用法
- ○　数组的应用
- ○　写屏指令的应用
- ○　计时指令的应用
- ○　拆垛程序编写的技巧

5.2　工作站描述

在自动化物流系统中，与码垛应用相对应的为拆垛应用，即把成垛的产品依次搬运至流水线上，例如烟草物流系统中出入智能仓库时的码垛拆垛、袋装原材料拆垛并开袋、汽车零部件的拆垛上料等应用。

本工作站为箱类产品拆垛应用，成垛的行李箱摆放在栈板上，随栈板流动至栈板输送链拆垛工位处，利用 ABB 公司的 IRB 6700 工业机器人将行李箱从栈板上搬运至产品输送链上，以便流至下一工位进行处理，如图 5-1 所示。

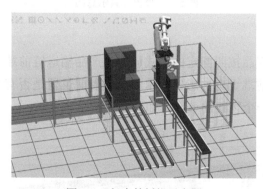

图 5-1　行李箱拆垛示意图

1. 栈板输送链

载有产品的栈板经由左侧的进料输送链流转至末端拆垛工位，并且在末端设有到位检测传感器，当工业机器人完成该栈板的拆垛任务后，空栈板经由右侧输出线传至下一工位，以便于空栈板的回收，然后进料输送链传送下一个载有产品的栈板，依次循环，如图5-2所示。

图 5-2　产品箱输送链示意图

2. 吸盘工具

工业机器人末端法兰盘装有吸盘工具，利用真空发生器产生真空，对产品进行拾取处理，工业机器人利用输出信号控制真空的产生与关闭，从而实现产品盒的拾取与释放；该工具采用 16 个吸盘，气路分为 4 路，利用工业机器人 4 路数字输出端口进行分别控制，分组情况如图 5-3 所示。

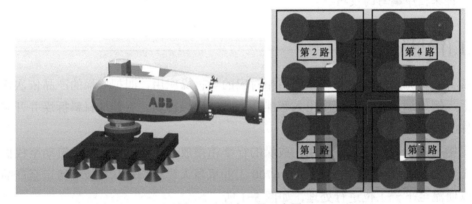

图 5-3　吸盘工具示意图

3. 产品输送链

工业机器人将拆垛产品按照指定的方式放置在产品输送链前端，经由该输送链传送至下一工位；在该输送链前端设有传感器，用于检测当前位置是否有物料，当没有物料时才允许工业机器人执行下一个物料的放置，如图 5-4 所示。

图 5-4　产品输送链示意图

5.3　知识储备

5.3.1　信号组的设置

在使用多个数字输出端口进行传输时，使用信号组的形式会让信号的处理变得更简单，如下例中需要处理 3 个数字输出端口，假设命名为 do1、do2、do3，地址分别为 1、2、3，则在系统中需要依次定义 3 个数字输出信号，并且在程序中每次控制这 3 个信号，均需要使用 3 条 set 指令进行置位。如果将这 3 个输出端口并为一组，统一设置一个信号组 go1，地址为 1 ～ 3，则在程序中只需要按照二进制的排列规则对 go1 进行置位即可，大大简化了输出控制。如：

> SetGo　go1，7；则等同于 Set do1；Set do2；Set do3；
>
> SetGo　go1，5；则等同于 Set do1；Reset do2；Set do3；

5.3.2　数组的应用

在定义程序数据时，可以将同种类型、同种用途的数值存放在同一个数据中，当我们调用该数据时需要写明索引号来指定调用的是该数据中的哪个数值，这就是所谓的数组。在 RAPID 中可以定义一维数组、二维数组以及三维数组。

1．一维数组

> VAR num reg1{3}:=[5, 7, 9]；! 定义一维数组 reg1
>
> reg2:=reg1{2}；!reg2 被赋值为 7

2．二维数组

> VAR num reg1{3,4}:=[[1,2,3,4], [5,6,7,8], [9,10,11,12]]；! 定义二维数组 reg1
>
> reg2:=reg1{3,2}；!reg2 被赋值为 10

3．三维数组

> VAR num reg1{2,2,2}:=[[[1,2],[3,4]],[[5,6],[7,8]]]；! 定义三维数组 reg1
>
> reg2:=reg1{2,1,2}；!reg2 被赋值为 6

在程序编写过程中，当需要调用大量的同种类型、同种用处的数据时，在创建数据时可以利用数组来存放这些数据，这样便于在编程过程中对其进行灵活调用。

甚至在大量 I/O 信号调用过程中，也可以先将 I/O 进行别名的操作，将 I/O 信号与信号数据关联起来，然后将这些信号数据定义为数组类型，这样在程序编写中便于对同类型、同用处的信号进行调用。

5.3.3　带参数的例行程序

在编写例行程序时，将该程序中的某些数据设置为参数，这样在调用该程序时输入不同的参数数据，则可对应执行在当前数据值情况下工业机器人对应执行的任务。例如，在切割应用中，频繁使用切割正方形的程序，切割正方形的指令及算法是一致的，只是正方形的顶点位置、边长不一致，这样可以将这两个变量设为参数。

```
PROC rSquare(robtargetpBase, num nSideSize)
MoveL pBase, v1000, fine, tool1 \WObj:=wobj0;
    MoveL Offs(pBase, nSideSize,0,0), v1000, fine, tool1 \WObj:=wobj0;
    MoveL Offs(pBase, nSideSize, nSideSize,0), v1000, fine, tool1 \WObj:=wobj0;
    MoveL Offs(pBase, 0, nSideSize,0), v1000, fine, tool1 \WObj:=wobj0;
    MoveL pBase, v1000, fine, tool1 \WObj:=wobj0;
ENDPROC
PROC MAIN( )
    rSquare p1,100;
    rSquare p2,200;
ENDPROC
```

在调用该切割正方形的程序时，再指定当前正方形的顶点以及边长即可在对应位置切割对应边长大小的正方形。在上述程序中，工业机器人先后切割了2个正方向，以p1为顶点、100为边长的正方形，以p2为顶点、200为边长的正方形。

5.3.4 计时指令的应用

在工业机器人应用过程中，节拍经常是我们关注的一个焦点。在RAPID中，有专门用于计时的时钟数据以及一系列的计时指令和函数。

时钟数据：Clock，必须定义为变量类型，最小计时单位为0.001s。

计时指令和函数：

```
ClkStart：开始计时；
ClkStop：停止计时；
ClkReset：时钟复位；
ClkRead：读取时钟数值；
```

案例：

```
VAR clock clock1;
PERS num CycleTime;
PROC rMove()
    MoveL p1,v100,fine,tool0;
    ClkReset clock1;
    ClkStart clock1;
    MoveL p2,v100,fine,tool0;
    ClkStop clock1;
    CycleTime :=ClkRead(clock1);
ENDPROC
```

在上述案例中，工业机器人到达 p1 点后开始计时，到达 p2 点后停止计时，然后利用 ClkRead 读取当前时钟数值，并将其赋值给数值型变量 CycleTime，则当前 CycleTime 的值即为工业机器人从 p1 点到 p2 点的运动时间。

5.3.5　人机交互指令的应用

在工业机器人程序运行过程中，经常需要添加人机交互，实时显示当前信息或者人工选择确认等，下面列举几个常用的人机交互指令的用法。

1. TPWrite

写屏，将字符串显示在示教器屏幕上，在字符串后面可增加数据显示。

```
TPWrite "The last cycle time is "\Num:=cycletime;
```

若对应数值型数据 cycletime 的数值为 5，运行该指令，则示教器屏幕上会显示 "The last cycle time is 5"。

2. TPReadNum

示教器端人工输入数值。

```
TPReadNum reg1,"how many products should be produced?";
```

运行该指令，则在示教器屏幕上会出现数值输入键盘，假设人工输入 5，则对应的 reg1 被赋值为 5。

3. TPReadFK

屏幕上显示不同选项供用户选择，最多支持 5 个选项。

```
TPReadFK reg1, "More?", stEmpty, stEmpty, stEmpty, "Yes", "No";
```

运行该指令，则屏幕上显示如图 5-5 所示，可人工进行选择。

若选择为 Yes，则对应 reg1 被赋值为选项的编号 4，后续可以根据 reg1 的不同数值来执行不同的指令。

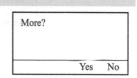

图 5-5　人工选择

4. TPErase

清屏指令，运行该指令，则屏幕上的显示全部清空。

5.4　工作站实施

5.4.1　解压工作站并仿真运行

双击工作站压缩包文件 "05_Package_Depalletizing_608.rspag"，如图 5-6 所示。工作站解压过程如图 5-7 所示。

图 5-6　"05_Package_Depalletizing_608.rspag" 压缩包

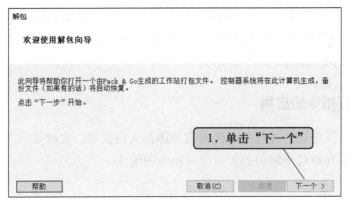

图 5-7 解压工作站软件

单击"仿真"菜单中的"播放",如图 5-8 所示,即可查看该机器人工作站的运行情况。

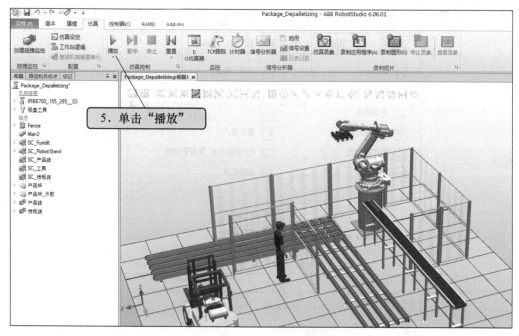

图 5-8 查看工作站运行情况

若想停止工作站运行,单击"仿真"菜单中的"停止",如图 5-9 所示。

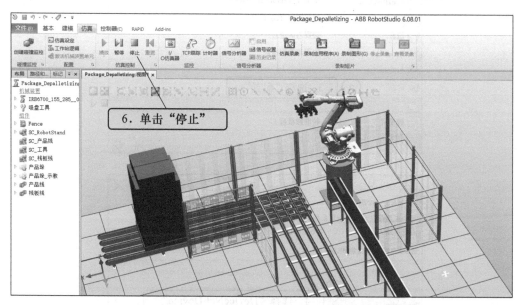

图 5-9 停止工作站运行情况

5.4.2 工业机器人 I/O 设置

1)在此工作站中配置 1 个 DSQC 652 通信板卡,总线地址为 10。在示教器中单击"菜

单"—"控制面板"—"配置"—"DeviceNet Device"，可查看该 I/O 板块 Board10
的设置。具体操作如下：

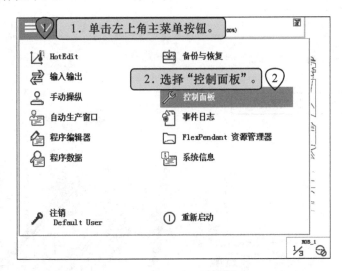

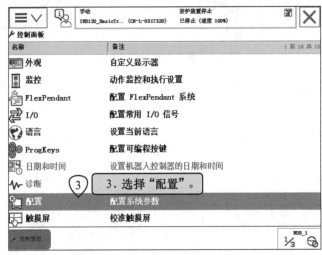

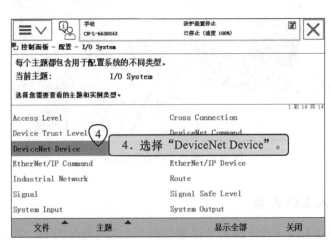

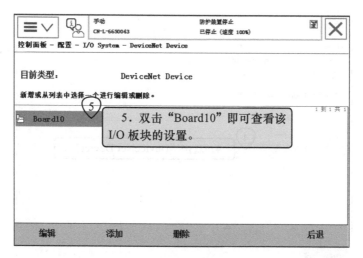

2）在系统中定义 DSQC 652 板卡，其操作步骤如下：

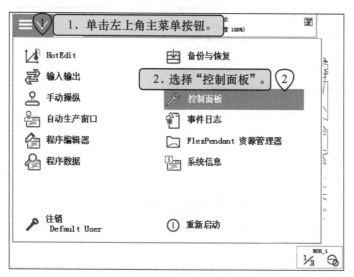

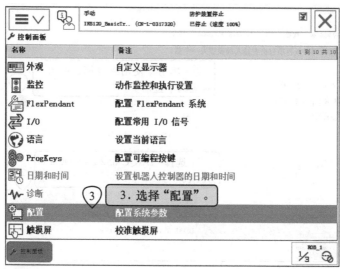

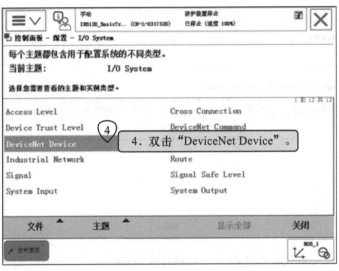

4. 双击 "DeviceNet Device"。

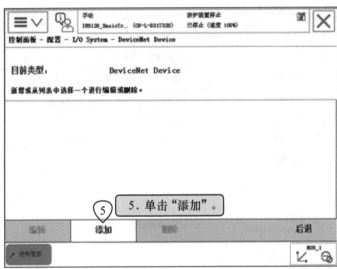

5. 单击 "添加"。

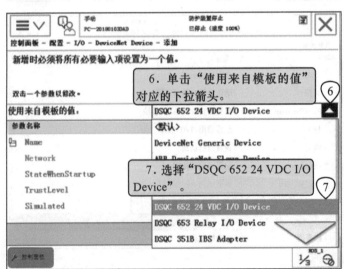

6. 单击 "使用来自模板的值" 对应的下拉箭头。

7. 选择 "DSQC 652 24 VDC I/O Device"。

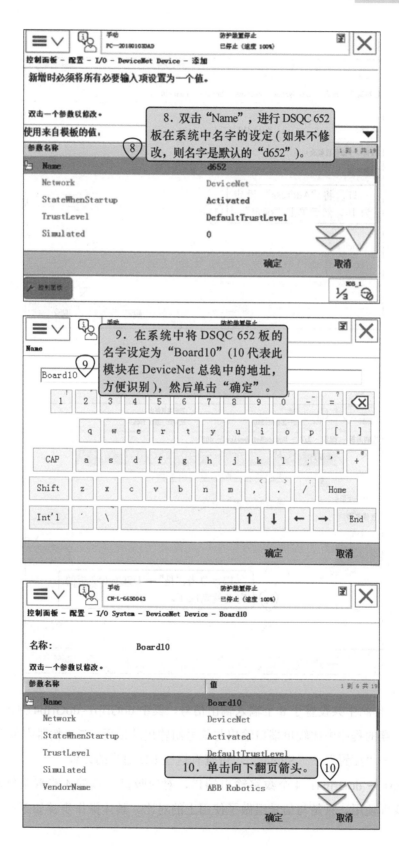

8. 双击"Name"，进行 DSQC 652 板在系统中名字的设定（如果不修改，则名字是默认的"d652"）。

9. 在系统中将 DSQC 652 板的名字设定为"Board10"（10 代表此模块在 DeviceNet 总线中的地址，方便识别），然后单击"确定"。

10. 单击向下翻页箭头。

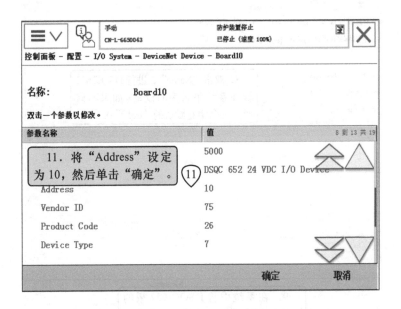

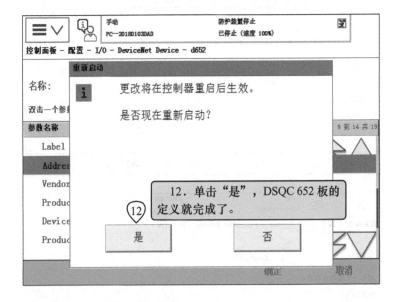

3）在此工作站中共设置了 8 个输入输出信号，其中 doGrip1~doGrip4 并未实际使用，只是为了在后续的程序中比较单端口输出与信号组输出的使用。在示教器中单击"菜单"—"控制面板"—"配置"—"Signal"，可查看这些 I/O 信号的设置。

① doGrip1 ~ doGrip4：4 个数字输出端口，对应吸盘工具的 4 路真空气路的控制，在程序中未实际使用，只是与信号组做了使用上的对比。具体操作步骤如下：

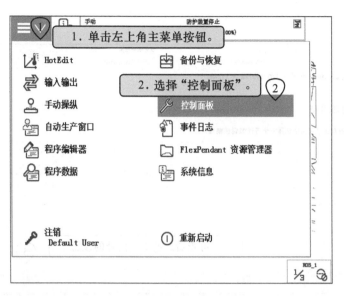

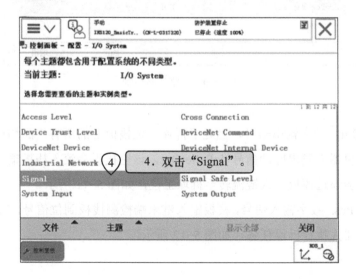

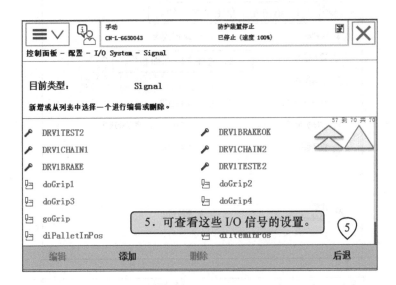

② goGrip：信号组输出信号，占用 1 ～ 4 号地址，对应吸盘工具的 4 路真空气路的控制，如图 5-10 所示。

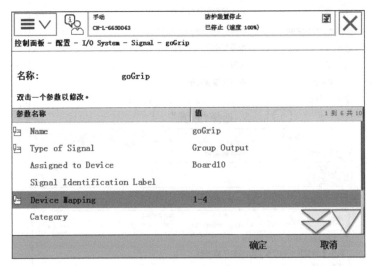

图 5-10　真空气路控制

③ doPalletOut：数字输出信号，当处于拆垛工位栈板上的所有产品均已被搬运至产品输送链后，工业机器人发出脉冲信号 doPalletOut，该空栈板会流入栈板输出链，则下一个载有产品的栈板会通过栈板输入链流转至拆垛工位，如图 5-11 所示。

④ diPalletInPos：数字输入信号，栈板输入链末端检测栈板到位信号，到位信号为 1 时，方可允许工业机器人执行拆垛任务，如图 5-12 所示。

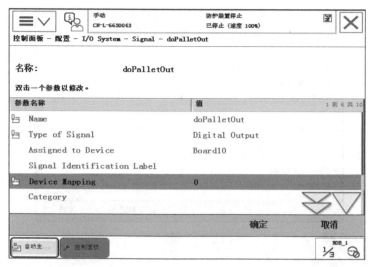

图 5-11　doPalletOut 信号

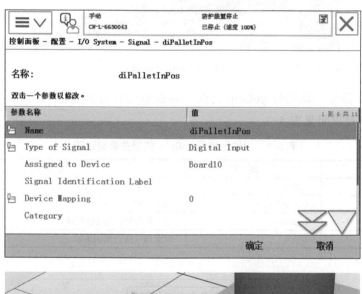

图 5-12　diPalletInPos 信号

⑤ diItemInPos：数字输入信号，产品输送链前端检测产品信号，只有当此信号为 0 时，方可允许工业机器人在此工位执行放置下一个产品的动作，目的是防止产品之间发生碰撞，如图 5-13 所示。

图 5-13　diItemInPos 信号

4）定义 I/O 信号。以信号 goGrip 为例，其他信号设置的方法与其相同。组输出信号 goGrip 的相关参数说明见表 5-1。

表 5-1　组输出信号 goGrip 的相关参数说明

参 数 名 称	设 定 值	说　　　明
Name	goGrip	设定数字输入信号的名字
Type of Signal	GroupOutput	设定信号的类型
Assigned to Device	Board10	设定信号所在的 I/O 模块
Device Mapping	1～4	设定信号所占用的地址

其操作如下：

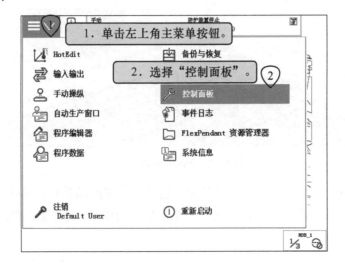

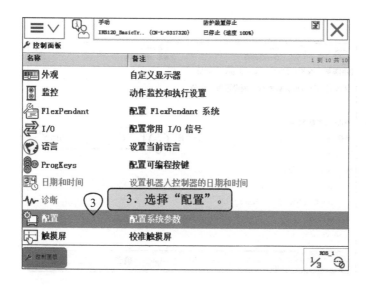

3. 选择"配置"。

4. 双击"Signal"。

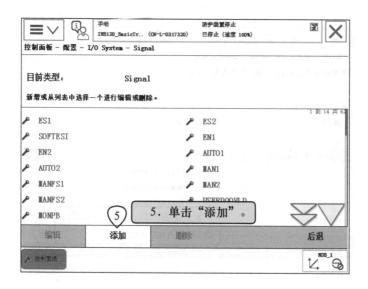

5. 单击"添加"。

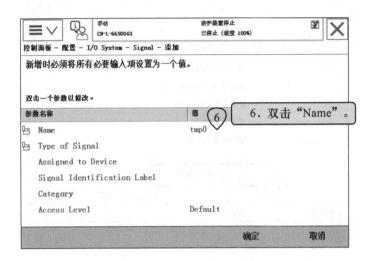

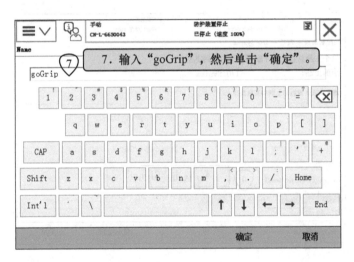

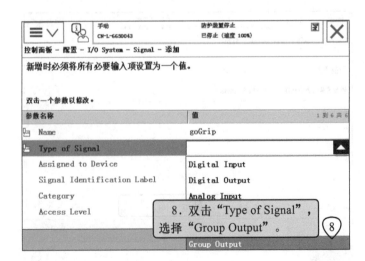

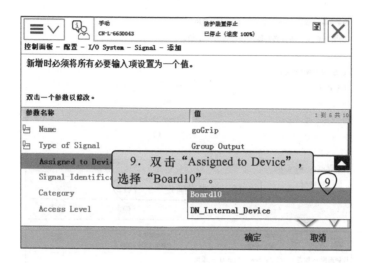

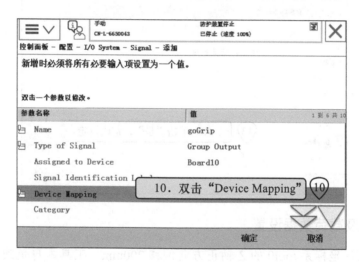

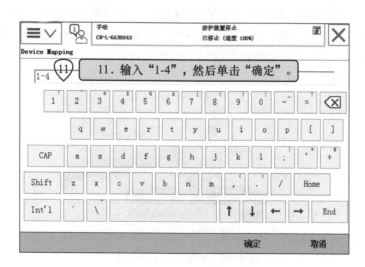

5.4.3 坐标系及载荷数据设置

沿着默认工具坐标系 tool0 的 Z 轴正方向偏移 200mm；工具本身负载 30kg，重心沿着 tool0 的 Z 轴正方向偏移 130mm，如图 5-14 所示。在实际应用中，工具本身负载可通过机器人系统中的自动测算载荷的系统例行程序 LoadIdentify 进行测算，测算方法可参考 www.robotpartner.cn 链接中的中级教学视频中的相关内容。

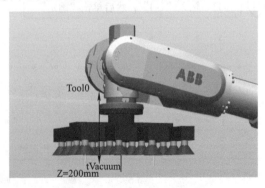

图 5-14 坐标系定义示意图

设置工具坐标系 tVacuum 的具体操作如下：

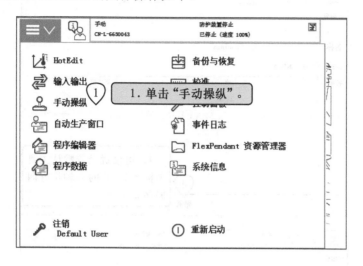

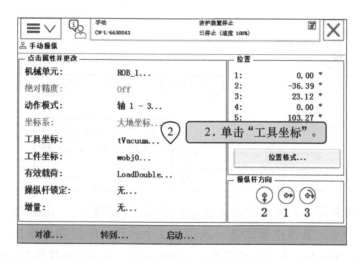

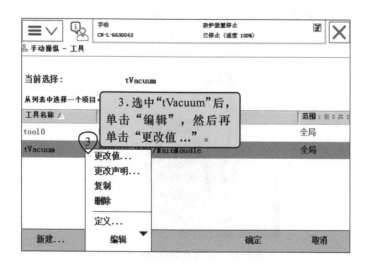

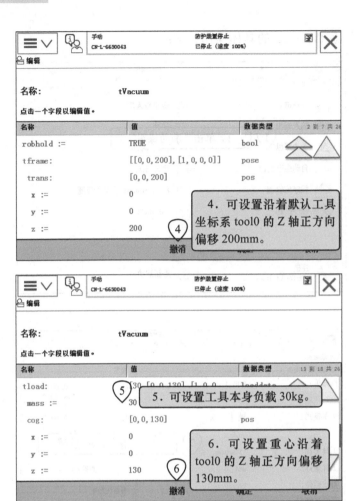

在本工作站的应用中，工业机器人拾取物料分为两种情况，在拾取顶部的两个产品时，一次只拾取一个，其他位置均是一次拾取2个产品，所以需设置2个有效载荷数据LoadDouble 和 LoadSingle。此外，还设置了 LoadEmpty，作为空负载数据使用。

1）LoadDouble：拾取2个产品。如图5-15所示。

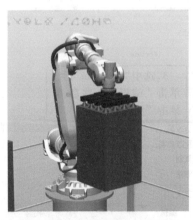

图5-15　设置有效载荷示意图

设置有效载荷数据 LoadDouble 的具体操作如下：

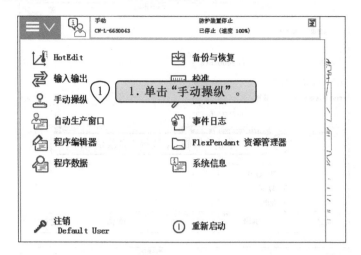

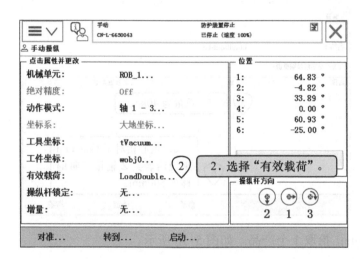

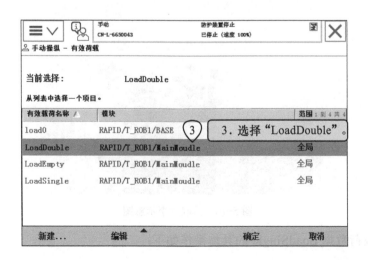

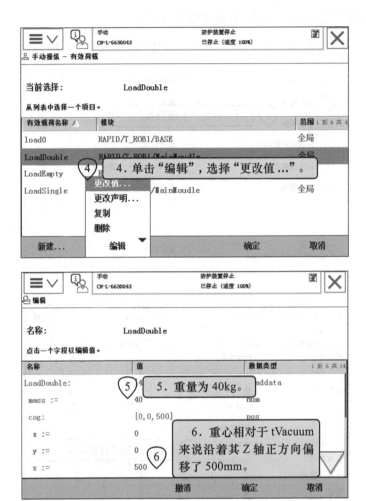

2）LoadSingle：拾取 1 个产品。如图 5-16 所示。

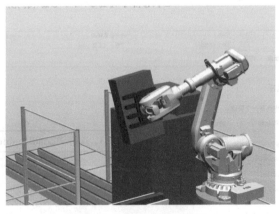

图 5-16　拾取行李示意图

设置有效载荷数据 LoadSingle 的具体操作如下：

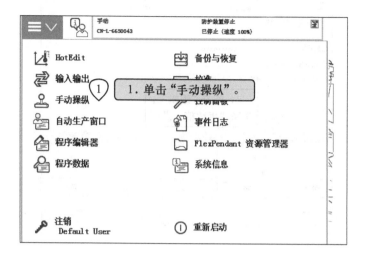

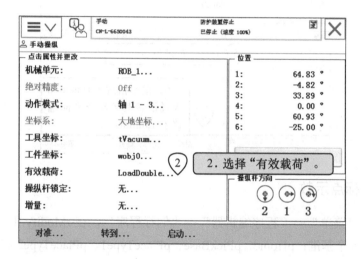

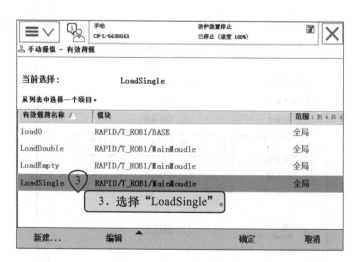

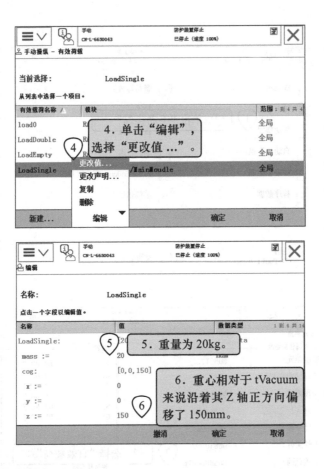

5.4.4 基准目标点示教

单击示教器"菜单"—"程序编辑器"—"例行程序"，在 rModify 中可找到在此工作站中需要示教的 5 个基准：pHome、pPickBase、pPlaceType1、pPlaceType2 和 pPlaceType3。具体操作如下：

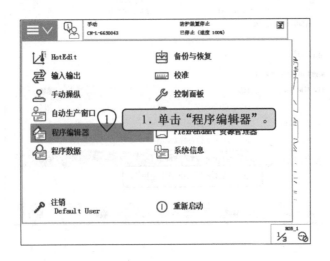

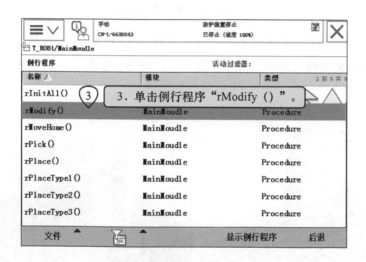

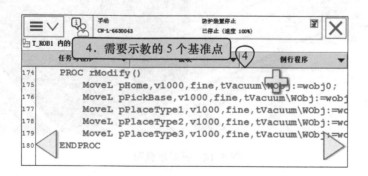

1）pHome：工业机器人工作等待位置，示教时使用工具坐标系 tVacuum、工件坐标系 Wobj0，如图 5-17 所示。

图 5-17　工件坐标系 Wobj0

在本工作站的拆垛工位处放置了一个用于示教位置的产品垛，其默认为隐藏，可以在软件"基本"菜单左侧的"布局"窗口中找到"产品垛 _ 示教"，右击，设为"可见"，如图 5-18 所示。

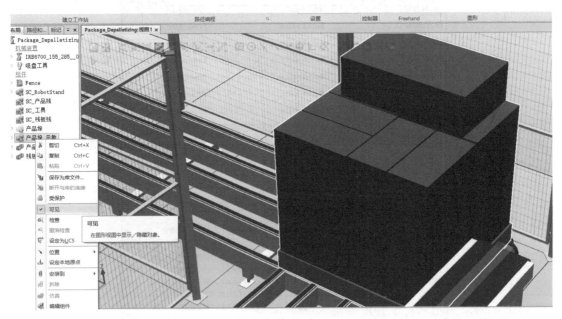

图 5-18　拆垛示意图

在本工作站中，拾取产品箱有 3 种情况，对应放置产品箱也有 3 种情况，如图 5-19 ～图 5-21 所示。

情况 1，如图 5-19 所示。

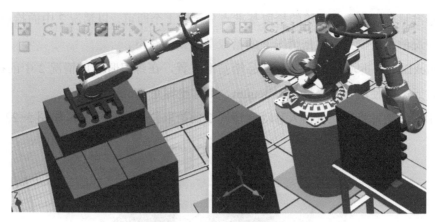

图 5-19　拾取、放置情况 1

情况 2，如图 5-20 所示。

图 5-20　拾取、放置情况 2

情况 3，如图 5-21 所示。

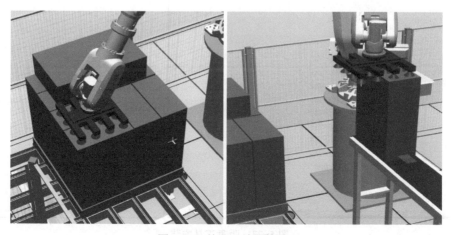

图 5-21　拾取、放置情况 3

示教基准目标点时，产品箱的拾取基准点只示教1个即可，以情况2中的拾取为基准，另外两种情况的拾取位置可根据情况2的拾取基准偏移获得。

2）pPickBase：拆垛工位中拾取产品箱基准位置，在练习时选取情况2中的拾取位置作为基准，示教时使用工具坐标系tVacuum、工件坐标系Wobj0。

利用手动移动，将工业机器人移动至情况2的拾取位置进行示教，如图5-22所示。

图5-22　示教示意图

示教完成后，可将此位置处的靠外侧的产品箱直接安装到吸盘工具上，模拟实际应用过程中的真空拾取效果，并利用该位置处拾取的产品去示教情况2中的放置基准点。

在布局窗口中，展开"产品垛_示教"，右击"产品1"，单击"安装到"，选择"吸盘工具"，其后会弹出询问是否更新产品1的位置对话框，单击"No"，如图5-23所示。

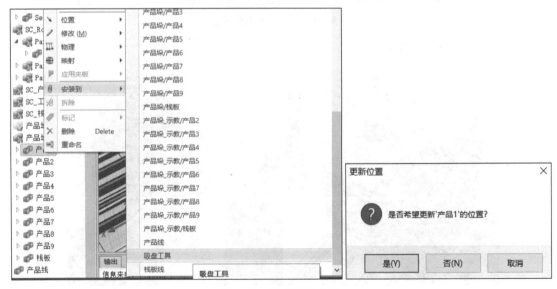

图5-23　吸盘工具安装

3）pPlaceType2：第 2 种情况放置位置，位置和姿态如图 5-24 所示，示教时使用工具坐标系 tVacuum、工件坐标系 Wobj0。

图 5-24　产品箱放入栈板中

示教完成后，将"产品 1"从吸盘工具上拆除，右击"产品 1"，单击"拆除"，在弹出的对话框中询问是否希望恢复位置，单击"是"，则该产品 1 自动回到初始位置，如图 5-25 所示。

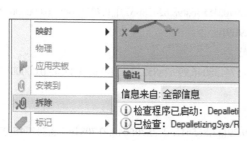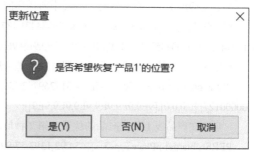

图 5-25　恢复示教位置

按照上述步骤，完成第 1 种情况、第 3 种情况的放置位置示教，第 1 种情况中处理"产品 9"；第 3 种情况中处理"产品 5"，放置位置分别对应的是目标点 pPlaceType1、pPlaceType3。

示教完所有的目标点后，将"产品垛 _ 示教"隐藏，右击"产品垛 _ 示教"，取消勾选"可见"，如图 5-26 所示。

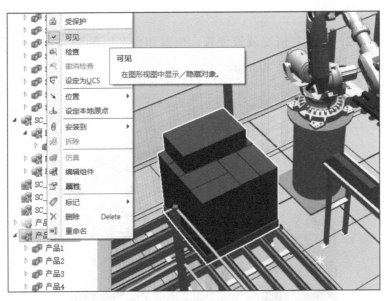

图 5-26　隐藏部分配件

5.4.5　程序解析

```
MODULEMainMoudle
    PERStooldatatVacuum:=[TRUE,[[0,0,200],[1,0,0,0]],[30,[0,0,130],[1,0,0,0],0,0,0]];
    ！定义工具坐标系数据 tVacuum
    PERSrobtargetpPickBase:=[[1520.639271586,310.000414148,-49.999926686],[-0.000000328,0,1,-0.000000068],
[0,-1,0,0],[9E9,9E9,9E9,9E9,9E9,9E9]];
    ！定义拆垛工位拾取基准点，以文中所描述的第 2 种拾取情况为准
    PERSrobtarget pPlaceType1:=[[353.779984371,1371.090215836,498.624386673],[0.707106815,0.000000588,
0.707106747,0.000000435],[1,-1,1,0],[9E9,9E9,9E9,9E9,9E9,9E9]];
    ！定义在产品线上放置产品的位置，第 1 种情况
    PERSrobtarget pPlaceType2:=[[654.917269492,1393.574138046,999.288523745],[-0.000000543,0.00000072,
1,-0.000000127],[0,0,0,0],[9E9,9E9,9E9,9E9,9E9,9E9]];
    ！定义在产品线上放置产品的位置，第 2 种情况
    PERSrobtarget pPlaceType3:=[[654.92,1393.57,999.29],[3.86561E-07,0.706048,-0.708164,-3.24774E-07],
[0,0,-1,0],[9E+09,9E+09,9E+09,9E+09,9E+09,9E+09]];
    ！定义在产品线上放置产品的位置，第 3 种情况
    PERSrobtargetpHome:=[[961.98463257,0,1800],[-0.000000365,0,1,0],[0,0,0,0],[9E9,9E9,9E9,9E9,9E9,
9E9]];
    ！定义工业机器人工作原点
    PERSrobtargetpPick:=[[1515.64,310,950],[-3.28E-07,0,1,-6.8E-08],[0,-1,0,0],[9E+09,9E+09,9E+09,
9E+09,9E+09,9E+09]];
    ！定义工业机器人拾取位置，此位置以 pPickBase 为基准计算得出
```

PERSrobtargetpPickAfter:=[[1015.64,810,1600],[-3.28E-07,0,1,-6.8E-08],[0,-1,0,0],[9E+09,9E+09,9E+09,9E+09,9E+09,9E+09]];

　　! 定义工业机器人拾取产品盒的抬高位置

PERSspeeddataMinSpeed:=[500,100,5000,1000];

PERSspeeddataMidSpeed:=[1500,200,5000,1000];

　　PERSspeeddataMaxSpeed:=[3000,300,5000,1000];

　　! 定义不同的速度数据，用于不同的运动过程

　　PERSloaddataLoadEmpty:=[0.01,[0,0,1],[1,0,0,0],0,0,0];

　　! 定义工业机器人空负载时的有效载荷数据，重量设为 0.01kg，可将其视为空载荷

　　PERSloaddataLoadSingle:=[20,[0,0,150],[1,0,0,0],0,0,0];

　　! 定义工业机器人拾取 1 个产品时的负载数据

　　PERSloaddataLoadDouble:=[40,[0,0,500],[1,0,0,0],0,0,0];

　　! 定义工业机器人拾取 2 个产品时的负载数据

　　PERSnumnCounter:=1;

　　! 定义拆垛计数器

　　PERSnumnCycleTime:=6.848;

　　! 定义数值型数据，用于表示节拍时间

　　VARclock Timer;

　　! 定义时钟数据，用于计算节拍

　　PERSnum nPos{10,4}:=[[310,0,1300,1],[310,-610,1300,1],[-5,0,1000,3],[-5,-620,1000,3],[605,0,1000,2],[605,-610,1000,2],[0,0,0,2],[0,-610,0,2],[615,0,0,3],[615,-620,0,3]];

　　! 定义位置数组，第一维为 10，依次对应产品垛中的 10 个拾取位置；第二维为 4，分别对应单个拾取位置中的四项属性值，依次为 X 偏移值、Y 偏移值、Z 偏移值、拾取情况种类，拾取位置以示教的第 2 种情况中的拾取位置为基准，结合该数组中的位置偏移量，最终计算出每次拾取产品时的具体位置，从而依次完成各产品的拾取；最上面一层的两个拾取位置 1、2，如图 5-27 所示

图 5-27　最上面一层的两个拾取位置 1、2

中间一层的 4 个拾取位置 3、4、5、6，如图 5-28 所示

最下面一层的 4 个拾取位置 7、8、9、10，如图 5-29 所示，其中 7 是拾取基准点，其他位置均是由此基准位置偏移计算得到的

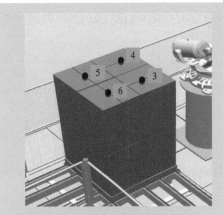
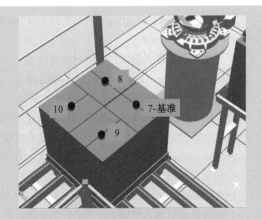

图 5-28　中间一层的 4 个拾取位置 3、4、5、6　　　图 5-29　最下面一层的 4 个拾取位置 7、8、9、10

```
    PROCMain()
    ! 声明主程序
rInitAll;
    ! 程序起始位置调用初始化程序，用于复位工业机器人位置、信号、数据等
WHILE TRUE DO
    ! 采用 WHILE TRUE DO 无限循环结构，将工业机器人需要重复运行的动作与初始化程序隔离开
rPick;
    ! 调用拾取产品的程序
rPlace;
    ! 调用放置产品的程序
ENDWHILE
ENDPROC


    PROCrInitAll()
    ! 声明初始化程序
rMoveHome;
    ! 调用回工作原点 HOME 的程序
SetGOgoGrip,0;
    ! 复位所有吸盘真空动作
!Reset doGrip1;
!Reset doGrip2;
!Reset doGrip3;
!Reset doGrip4;
    ! 前面加上英文感叹号 "!" 表示当前行为注释行，用于比较单端口的数字输出信号与信号组在使
用上面的差别，此处使用信号组较为方便
    nCounter:=1;
    ! 复位计数器
ENDPROC


    PROCrPick()
    ! 声明拾取产品程序
```

```
ClkReset Timer;
! 复位计时器
ClkStart Timer;
! 开始计时
WaitDIdiPalletInPos,1;
! 拆垛工位处的到位检测信号，等待产品垛到位，否则一直等待
pPick:=Offs(pPickBase,nPos{nCounter,1},nPos{nCounter,2},nPos{nCounter,3});
! 利用 Offs 函数以及位置数据计算当前计数器值下的拾取位置
pPickAfter.trans.x:=pPick.trans.x-500;
! 计算拾取后的中间过渡位置，其 X 值相对于 pPick 来说沿着工件坐标系 X 负方向偏移 500mm
pPickAfter.trans.y:=pPick.trans.y+500;
! 计算拾取后的中间过渡位置，其 Y 值相对于 pPick 来说沿着工件坐标系 Y 正方向偏移 500mm
pPickAfter.trans.z:=1600;
! 计算拾取后的中间过渡位置，其 Z 值为固定值 1600mm
MoveJOffs(pPick,0,0,500),MaxSpeed,z50,tVacuum\WObj:=wobj0;
! 利用 MoveJ 移动至当前拾取位置正上方 500mm 处
MoveLpPick,MinSpeed,fine,tVacuum\WObj:=wobj0;
! 利用 MoveL 直线移动至当前拾取位置
SetGOgoGrip,15;
! 置位吸盘动作，所有吸盘全部建立真空
!Set doGrip1;
!Set doGrip2;
!Set doGrip3;
!Set doGrip4;
! 注释，不被执行
WaitTime 0.3;
! 等待 0.3s，保证产品已被拾取
IFnPos{nCounter,4}=1 THEN
! 判断当前拾取类型，若为情况 1 则
GripLoadLoadSingle;
! 加载单个产品的负载数据
ELSE
GripLoadLoadDouble;
! 其他情况及情况 2、3，则加载两个产品的负载数据
ENDIF
MoveLOffs(pPick,0,0,200),MinSpeed,z50,tVacuum\WObj:=wobj0;
! 利用 MoveL 直线移动至拾取位置上方 200mm 处
MoveLpPickAfter,MidSpeed,z100,tVacuum\WObj:=wobj0;
! 利用 MoveL 移动至拾取后中间过渡点
IFnCounter>=10 PulseDOdoPalletOut;
```

！判断当前计数是否大于等于 10，即是否全部完成了当前栈板的拆垛任务，若满足条件则发出移除当前栈板信号，将空栈板移走，并移入下一个载有产品的栈板，此处为简化版的 IF 用法，该指令只适用于判断一种条件，条件满足时只执行一句指令的特殊情况

ENDPROC

PROCrPlace()
！声明放置程序
TESTnPos{nCounter,4}
！判断当前是哪种情况
CASE 1:
　　rPlaceType1;
！若是情况 1，则调用放置程序 1
CASE 2:
　　rPlaceType2;
！若是情况 2，则调用放置程序 2
CASE 3:
　　rPlaceType3;
！若是情况 3，则调用放置程序 3
DEFAULT:
TPErase;
TPWrite"the value of type is error,please check it!";
Stop;
！若不为上述三种情况，则清屏并写屏显示相关错误信号，并停止程序运行
ENDTEST
IFnCounter>10 THEN
！判断当前计数是否大于 10，每个栈板上共拾取放置 10 次
MoveJpHome,MidSpeed,fine,tVacuum\WObj:=wobj0;
！若满足条件则移动至 HOME 位置
nCounter:=1;
！计数器复位
ENDIF
ClkStop Timer;
！停止计时
nCycleTime:=ClkRead(Timer);
！读取当前计时器中的数值，并将其赋值给 nCycleTime
TPErase;
TPWrite"Last cycletime is:"\Num:=nCycleTime;
！清屏，并写屏显示上一次拾取放置的节拍是多少
ENDPROC

PROC rPlaceType1()
！声明放置程序 1

WaitDIdiItemInPos,0;

！等待产品线前端放置位置处已没有产品，防止在放置过程中产品之间发出碰撞

MoveJOffs(pPlaceType1,0,0,1000),MidSpeed,z100,tVacuum\WObj:=wobj0;

！移动至第 1 种情况下放置位置上方 1000mm 处

MoveLOffs(pPlaceType1,0,0,100),MidSpeed,z20,tVacuum\WObj:=wobj0;

！移动至第 1 种情况下放置位置上方 100mm 处

MoveL pPlaceType1,MinSpeed,fine,tVacuum\WObj:=wobj0;

！第 1 种情况下放置位置处

SetGOgoGrip,0;

！复位吸盘工具真空

!Reset doGrip1;

!Reset doGrip2;

!Reset doGrip3;

!Reset doGrip4;

！注释，不被执行

WaitTime 0.3;

！等待 0.3s，确保产品被完全释放

GripLoadLoadEmpty;

！加载空载荷数据

MoveLOffs(pPlaceType1,-100,0,0),MinSpeed,z20,tVacuum\WObj:=wobj0;

！先移动至放置位置 X 负方向 100mm 处

MoveLOffs(pPlaceType1,-100,0,1000),MidSpeed,z100,tVacuum\WObj:=wobj0;

！再移动至放置位置 X 负方向 100mm、Z 正方向 1000mm 处

！上述两条运动指令指的是放置完成后，先移至放置位置侧面，再抬升至一定的高度

nCounter:=nCounter+1;

！计数器累计加 1

ENDPROC

　　PROC rPlaceType2()

　　！声明放置程序 2

WaitDIdiItemInPos,0;

！等待产品线前端放置位置处已没有产品，防止在放置过程中产品之间发出碰撞

MoveJOffs(pPlaceType2,0,0,600),MidSpeed,z100,tVacuum\WObj:=wobj0;

！移动至第 2 种情况下的放置位置上方 600mm 处

MoveLOffs(pPlaceType2,0,0,100),MidSpeed,z20,tVacuum\WObj:=wobj0;

！移动至第 2 种情况下的放置位置上方 100mm 处

MoveL pPlaceType2,MinSpeed,fine,tVacuum\WObj:=wobj0;

！移动至第 2 种情况下的放置位置处

SetGOgoGrip,12;

！将吸盘工具信号组置位为 12，复位 1、2 号吸盘，先放置第 1 个产品

!Reset doGrip1;

```
!Reset doGrip2;
!Set doGrip3;
!Set doGrip4;
! 注释行，不被执行
WaitTime 0.3;
! 等待 0.3s
GripLoadLoadSingle;
! 加载单产品载荷
MoveLOffs(pPlaceType2,0,0,200),MinSpeed,z20,tVacuum\WObj:=wobj0;
! 移动至放置位置上方 200mm 处
WaitDIdiItemInPos,0;
! 等待产品线前端没有产品，即等待刚刚放置的产品已离开该放置区域
MoveJOffs(pPlaceType2,-310,0,200),MidSpeed,z50,tVacuum\WObj:=wobj0;
! 移动至第 2 个产品的放置位置上面，两个产品之间的间隔为 310mm
MoveLOffs(pPlaceType2,-310,0,0),MinSpeed,fine,tVacuum\WObj:=wobj0;
! 移动至第 2 个产品的放置位置处
SetGOgoGrip,0;
! 复位吸盘工具真空信号
!Reset doGrip1;
!Reset doGrip2;
!Reset doGrip3;
!Reset doGrip4;
! 注释行，不被执行
WaitTime 0.3;
! 等待 0.3s
GripLoadLoadEmpty;
! 加载空载荷数据
MoveLOffs(pPlaceType2,-310,0,100),MinSpeed,z20,tVacuum\WObj:=wobj0;
! 移动至第 2 个产品放置位置上方 100mm 处
MoveLOffs(pPlaceType2,-310,0,600),MidSpeed,z100,tVacuum\WObj:=wobj0;
! 移动至第 2 个产品放置位置上方 600mm 处
nCounter:=nCounter+1;
! 计数器累计加 1
ENDPROC

    PROC rPlaceType3()
    ! 声明放置程序 3
WaitDIdiItemInPos,0;
! 等待产品线前端放置位置处已没有产品，防止在放置过程中产品之间发出碰撞
MoveJOffs(pPlaceType3,0,0,600),MidSpeed,z100,tVacuum\WObj:=wobj0;
! 移动至第 3 种情况下放置位置上方 600mm 处
MoveLOffs(pPlaceType3,0,0,100),MidSpeed,z20,tVacuum\WObj:=wobj0;
```

```
! 移动至第 3 种情况下放置位置上方 100mm 处
MoveL pPlaceType3,MinSpeed,fine,tVacuum\WObj:=wobj0;
! 移动至第 3 种情况下放置位置处
SetGOgoGrip,10;
! 将吸盘工具信号组置位为 10，然后复位 1 号、3 号吸盘，放置第 1 个产品
!Reset doGrip1;
!Set doGrip2;
!Reset doGrip3;
!Set doGrip4;
! 注释行，不被执行
WaitTime 0.3;
! 等待 0.3s，保证产品被完成释放
GripLoadLoadSingle;
! 加载单产品的载荷数据
MoveLOffs(pPlaceType3,0,0,200),MinSpeed,z20,tVacuum\WObj:=wobj0;
! 移动至放置位置上方 200mm 处
WaitDIdiItemInPos,0;
! 等待产品线前端没有产品，即等待刚刚放置的产品已离开该放置区域
MoveJOffs(pPlaceType3,-310,0,200),MidSpeed,z50,tVacuum\WObj:=wobj0;
! 移动至第 2 个产品的放置位置上面，两个产品之间的间隔为 310mm
MoveLOffs(pPlaceType3,-310,0,0),MinSpeed,fine,tVacuum\WObj:=wobj0;
! 移动至第 2 个产品的放置位置
SetGOgoGrip,0;
! 复位真空吸盘信号组，放置第 2 个产品
!Reset doGrip1;
!Reset doGrip2;
!Reset doGrip3;
!Reset doGrip4;
! 注释行，不被执行
WaitTime 0.3;
! 等待 0.3s，保证产品被完全释放
GripLoadLoadEmpty;
! 加载空载荷数据
MoveLOffs(pPlaceType3,-310,0,100),MinSpeed,z20,tVacuum\WObj:=wobj0;
! 移动至当前放置位置上方 100mm 处
MoveLOffs(pPlaceType3,-310,0,600),MidSpeed,z100,tVacuum\WObj:=wobj0;
! 移动至当前放置位置上方 600mm 处
nCounter:=nCounter+1;
! 计数器累计加 1
ENDPROC


PROCrMoveHome()
```

```
    ！声明自动回 HOME 程序，相关内容可参考第 3、4 章节中的内容
VARrobtargetpActualPos;
pActualPos:=CRobT(\tool:=tVacuum);
pActualPos.trans.z:=pHome.trans.z;
MoveLpActualPos,MinSpeed,fine,tVacuum\WObj:=wobj0;
MoveJpHome,MidSpeed,fine,tVacuum\WObj:=wobj0;
ENDPROC


    PROCrModify()
    ！声明目标点示教程序，此程序在工业机器人运行过程中不被调用，仅用于手动示教目标点时使
用，便于操作者快速示教该工作站所需基准目标点位
MoveLpHome,v1000,fine,tVacuum\WObj:=wobj0;
    ！将工业机器人移至工业机器人工作等待位置，可选中此条指令或 pHome 点，单击示教器程序编
辑器界面中的"修改位置"，即可完成对该基准目标点的示教
MoveLpPickBase,v1000,fine,tVacuum\WObj:=wobj0;
    ！将工业机器人移至工业机器人拾取基准位置，可选中此条指令或 pPickBase 点，单击示教器程序
编辑器界面中的"修改位置"，即可完成对该基准目标点的示教
MoveL pPlaceType1,v1000,fine,tVacuum\WObj:=wobj0;
    ！将工业机器人移至工业机器人第 1 种情况下的放置位置，可选中此条指令或 pPlaceType1 点，单
击示教器程序编辑器界面中的"修改位置"，即可完成对该基准目标点的示教
MoveL pPlaceType2,v1000,fine,tVacuum\WObj:=wobj0;
    ！将工业机器人移至工业机器人第 2 种情况下的放置位置，可选中此条指令或 pPlaceType2 点，单
击示教器程序编辑器界面中的"修改位置"，即可完成对该基准目标点的示教
MoveL pPlaceType3,v1000,fine,tVacuum\WObj:=wobj0;
    ！将机器人移至机器人第 3 种情况下的放置位置，可选中此条指令或 pPlaceType3 点，单击示教器
程序编辑器界面中的"修改位置"，即可完成对该基准目标点的示教
ENDPROC

ENDMODULE
```

5.5 课后练习

本工作站主要是让读者对机器人拆垛工作站有一个系统的认识，了解工作站布局以及各设备之间的通信设置，通过对比的方式让读者了解信号组在控制方面的优势，编程方面聚焦于数组的应用、计时的应用、写屏的应用等内容。

读者在完成本章的学习内容后，可尝试做出以下练习：

在该工作站中，产品的摆放位置都是按照理想状态进行计算的，但实际的应用情况下，产品摆放位置难免与理想值有偏差，通常需要再增加一个位置偏移数组，在计算位置时除了调用理想值位置数组之外，还要叠加上位置偏移数组，这样在调试的过程中发现每个拾取位置不准的情况下，可以直接在位置偏移数组中进行调整即可。

第 6 章　糕点输送线分拣

6.1　学习目标

通过本机器人工作站的介绍，读者可学习如下知识

- ○　输送线分拣工作站的构成
- ○　输送线跟踪原理
- ○　输送线跟踪硬件配置
- ○　输送线分拣类工具坐标系、工件坐标系、有效载荷设置
- ○　输送线跟踪校准
- ○　输送线跟踪参数设置
- ○　输送线跟踪常用 I/O 使用
- ○　输送线跟踪常用指令使用
- ○　输送线跟踪编程技巧

6.2　工作站描述

随着机器人技术的发展，工业机器人分拣应用迎来了重大的发展机遇。工业机器人分拣可大大提高物流效率、降低人工成本、降低劳动强度，在食品饮料、医药化工、日用品等领域都有十分广泛的应用。

本工作站以糕点输送线分拣为例，利用 ABB 公司的 IRB 360 分拣机器人将糕点从糕点输入线抓取搬运至盒子输出线上，以便完成快速打包装盒的工作，如图 6-1 所示。

图 6-1　糕点输送线分拣工作站

1. **IRB 360 分拣机器人**

该工作站使用 IRB 360 分拣机器人进行分拣，臂展最大可达 1130mm、负载高达 1kg，具有速度快、柔性强、出众的跟踪性能等特点，广泛应用于装配、物料搬运、拾料、包装等领域，如图 6-2 所示。

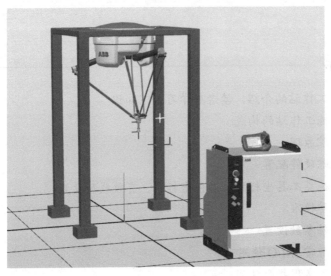

图 6-2   IRB 360 分拣机器人

2. **糕点输入线和盒子输出线**

糕点输入线对接生产线前端的设备，负责运送糕点；盒子输出线对接生产线后端的生产设备，将打包装好糕点的盒子进行运输至下一工位。糕点输入线和盒子输出线分别运动，输送线上设有同步开关，工业机器人根据同步开关的反馈信号，计算糕点和盒子位置，并实时跟踪，完成准确的抓取放置，每个盒子装满 8 块糕点后，移向下一个工位，如图 6-3 所示。

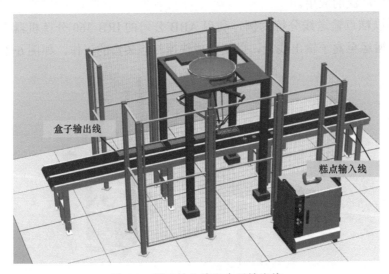

图 6-3   糕点输入线和盒子输出线

6.3　知识储备

6.3.1　输送线跟踪硬件构成

构成输送线跟踪所需的硬件如图 6-4 所示。工业机器人通过 606-1 Conveyor Tracking 输送线跟踪选项和输送链 DSQC 377B 跟踪板卡进行通信，同时输送带上需装有同步传感器，并配编码器。

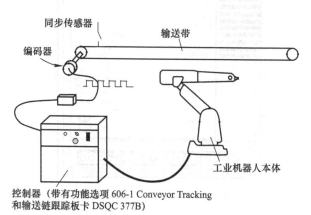

图 6-4　输送线跟踪硬件构成

1. 编码器的选择

编码器（图 6-5）根据输送线的运动输出相应数量的脉冲，此脉冲数用以实现工业机器人与输送线的协调运动。所选编码器（PNP、增量型）需有相位相差 90°的 A 相和 B 相。对于编码器脉冲频率有以下要求：不管采用何种方式安装，都需保证当输送线每运行 1m，编码器输出的脉冲数为 1250～2500；控制器软件同时采集 A 相、B 相上升沿和下降沿个数，一个周期内采集 4 个计算信号，即当输送线每运行 1m，控制器软件采集到的计算信号个数为 5000～10000，少于 5000 即会影响到工业机器人的跟踪精度，多于 10000 也不会提升工业机器人的跟踪精度；输送线运行的最低速度为 4mm/s，最高速度为 2000mm/s。

电压	10～30V
电流	50～100mA
相位	A、B 相，相位差 90°
类型	增量型
输出	PNP

图 6-5　编码器

2. DSQC 377B 跟踪板卡

该板卡为构成输送线跟踪的通信板卡，挂在 DeviceNet 总线上面，如图 6-6 所示。

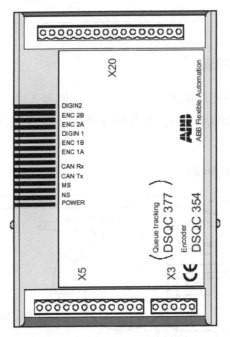

图 6-6　DSQC 377B 跟踪板卡

图 6-6 中 I/O 板卡各端子接线说明如图 6-7 所示

端子	说明
X3	外部 24V 电源（备用）
X5	DeviceNet 总线接线端
X20	编码器及同步开关连接端

X3端子 5　1

序号	说明
1	0V
2	未使用
3	接地端
4	未使用
5	24V

X5端子 12　1

0V
1 2 3 4 5 6 7 8 9 10 11 12

地址 10　1 1 4 1 16
　　　　　 1 2 4 8 32

序号	说明	序号	说明
1	0V	7	模块 ID bit 0
2	CAN 信号线 Low	8	模块 ID bit 1
3	屏蔽线	9	模块 ID bit 2
4	CAN 信号线 High	10	模块 ID bit 3
5	24V	11	模块 ID bit 4
6	GND 公共端	12	模块 ID bit 5

X20端子 16　1

序号	说明
1	24V
2	0V
3	编码器 24V
4	编码器 0V
5	编码器 A 相
6	编码器 B 相
7	同步开关 24V
8	同步开关 0V
9	同步开关信号线
10 ~ 16	未使用

图 6-7　DSQC 377B 接线

6.3.2　工件坐标系数据结构

在输送线跟踪系统中，工业机器人跟踪运动时参考的坐标系多为输送线上移动的工件坐标系，所以需要提前了解完整的工件坐标系的数据结构。

Wobjdata 用于描述工业机器人处理的工件特征，有如下优势：

1）便于进行位置计算，例如离线编程，常常可从图样中获得有关值。

2）工件位置发生变化后，只需重新定义用户坐标系，无须更改目标点位置。

3）可通过外部传感器对工件坐标系进行补偿，例如视觉引导。

4）如果使用固定工具或协调外轴，则必须定义工件，因为路径和速率随后将与工件而非 TCP 相关。

1. **参数**：robhold

数据类型：bool。

表示工业机器人是否正夹持着工件。

1）TRUE：工业机器人正夹持着工件，即正在使用固定工具。

2）FALSE：工业机器人未夹持着工件，即工业机器人正夹持着工具。

2. **参数**：ufprog

数据类型：bool。

规定是否使用固定的用户坐标系。

1）TRUE：固定的用户坐标系。

2）FALSE：可移动的用户坐标系，即使用外轴协调。

3. **参数**：ufmec

数据类型：string。

1）用于协调机械臂移动的机械单元。仅在可移动的用户坐标系中进行规定（ufprog 为 FALSE）。

2）规定系统参数中所定义的机械单元名称，例如 Track_1。

4. **参数**：uframe

数据类型：pose。

1）坐标系原点的位置（X、Y 和 Z），以 mm 为单位。

2）坐标系的方向，表示为一个四元数（q1、q2、q3 和 q4）。

如果工业机器人正夹持着工具，则在世界坐标系中定义用户坐标系；如果使用固定工具，则在腕坐标系中定义用户坐标系。

对于可移动的用户坐标系（ufprog 为 FALSE），由机器人系统对用户坐标系进行持续定义。

5. **参数**：oframe

数据类型：pose。

1）坐标系原点的位置（X、Y 和 Z），以 mm 为单位。

2）坐标系的旋转，表示为一个四元数（q1、q2、q3 和 q4）。

目标坐标系相对于用户坐标系的位置如图 6-8 所示。

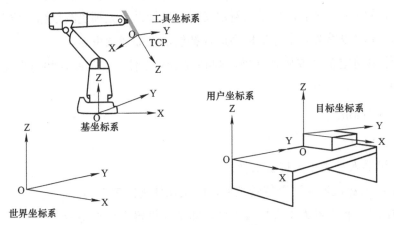

图 6-8　工件坐标系结构

6.3.3　跟踪参数

在输送线跟踪中，需了解相关的跟踪参数的含义，才能做正确的设置，输送线跟踪如图 6-9 所示，跟踪参数含义见表 6-1。

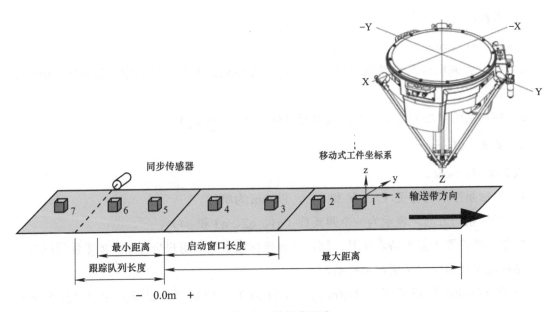

图 6-9　输送线跟踪

表 6-1　跟踪参数含义

参　数	含　义
QueueTrckDist （单位：m）	定义队列长度大小；指的是同步开关与 0.0m 位置的相对距离。在此窗口中的工件已被跟踪，暂时不符合被连接处理条件
StartWinWidth （单位：m）	定义开始窗口大小；在此窗口中的工件已被跟踪，且符合被连接处理条件，通过运行 WaitWobj 指令将连接处理该窗口中的第一个工件
SyncSeparation （单位：m）	定义同步间隔大小；指的是当一个有效的同步信号激活后，到下一个有效的同步信号激活，输送线所需运行的最小距离
Adjustment Speed （单位：mm/s）	定义调整速度大小；指的是工业机器人 TCP 能够追赶上输送线协同运动第一点的速度大小。其值必须大于输送线的运行速度
Maximum distance （单位：mm）	定义最大距离大小；指的是工件被连接位置与自动断开连接位置之间的最大距离
Minimum distance （单位：mm）	定义最小距离大小；指的是工件被连接位置与自动断开连接位置之间的最小距离，设置成负值一般用于输送线反向运行的情况

图 6-9 中各个位置所处的状态见表 6-2 所示。

表 6-2　图 6-9 中各个位置所处的状态

工　件	状　态
1	已被连接，正接受工业机器人的处理
2	已通过开始窗口，此时工业机器人正处理工件 1，则工件 2 会被自动跳过，不会被连接上
3、4	正处于开始窗口中，当工业机器人处理完工件 1 后，会执行 DropWobj 指令，当运行至下一条 WaitWobj 指令时，工件 3 如果仍在开始窗口中，则工业机器人不再等待，直接处理工件 3，工件 4 同理
5、6	正处于跟踪队列窗口，已被跟踪，暂时不符合被连接条件，假设工件 5 前面的工件全处理完后，工件 5 仍在跟踪队列窗口中，则工业机器人会在 WaitWobj 指令处等待，直至工件 5 通过 0.0m 位置
7	未通过同步开关，未进入跟踪队列

6.3.4　跟踪常用指令

1. ActUnit：*激活输送线装置*

例如：ActUnit CNV1；。

2. DeactUnit：*关闭输送线装置*

例如：DeactUnit CNV1；。

3. WaitWobj：*等待与输送线上面的工件建立连接*

例如：WaitWobj WobjCNV1；。

4. DropWobj：*断开与输送线上面工件的连接*

例如：DropWobj WobjCNV1；。

注：使用 DropWboj 时不能断开正在跟踪中的输送线连接，否则会发生报警。

5. TriggEquip：触发指令（定义固定位置和时间响应事件）；TriggL：触发指令（工业机器人移动时触发事件）

例如（图6-10）：

```
VAR triggdata gunon;
   ⋮
TriggEquip gunon, 10, 0.1 \DOp:=gun, 1;
TriggL p1, v500, gunon, z50, gun1;
```

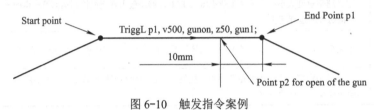

Start point · TriggL p1, v500, gunon, z50, gun1; · End Point p1

10mm

Point p2 for open of the gun

图6-10 触发指令案例

注：工业机器人 TCP gun1 从当前位置出发，朝向目标点 p1 运动，在距离 p1 点 10mm 处，并且提前 0.1s，将输出信号 gun 置位为 1。

6.3.5 跟踪 I/O 信号

在配置 606-1 Conveyor Tracking 功能选项的机器人系统中，输送线机械单元 CNV1 的相关参数已经默认安装在系统中，对应的跟踪信号也已默认建立完成，对应的信号功能说明见表 6-3。

表6-3 跟踪 I/O 信号功能说明

信　　号	功　能　说　明
c1Connected	数字输入；表示工件已被连接
c1DropWObj	数字输出；断开连接，功能与指令 DropWObj WobjCNV1；相同
c1ObjectsInQ	组输入；表示进入队列的工件个数，这些工件已通过同步开关但还未进入开始窗口
c1Rem1PObj	数字输出；剔除当前队列窗口中第一个进入队列窗口的工件
c1RemAllPObj	数字输出；清除当前队列窗口中所有的工件
c1PassStw	数字输入；工件未被连接即已通过了开始窗口
c1Position	模拟输入；显示当前第一个有效工件的位置
c1Speed	模拟输入；显示当前输送线的速度

注：1. 信号前缀 c1 表示的是第一条输送线系统 CNV1 的相关信号，对应第二条输送线系统 CNV2 的信号前缀为 c2，依次类推，最多 6 条输送线系统。

2. 如果在应用过程中需要跟踪更多的输送线，则需要手动为该输送线系统添加三个对应的参数文件。所需添加的参数文件所在位置如下（计算机需安装对应版本 RobotStuido）：

C:\Users\（用户名）\AppData\Local\ABB Industrial IT\Robotics IT\RobotWare\RobotWare_6.xx\options\cnv。

例如在本机器人工作站中有两条需要跟踪的输送线，则需要为该机器人系统添加关于 CNV2 的参数文件，需要加载上述目录中的三个文件分别为：cnv2_eio.cfg、cnv2_moc.cfg、cnv2_prc.cfg。

6.4 工作站实施

6.4.1 解压工作站并仿真运行

双击工作站压缩包文件"06_Package_Picking_608.rspag"，如图 6-11 所示。解压工作站软件，如图 6-12 所示。

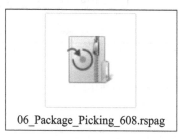

06_Package_Picking_608.rspag

图 6-11 "06_Package_Picking_608.rspag"压缩包

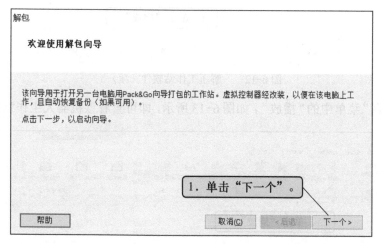

图 6-12 解压工作站软件

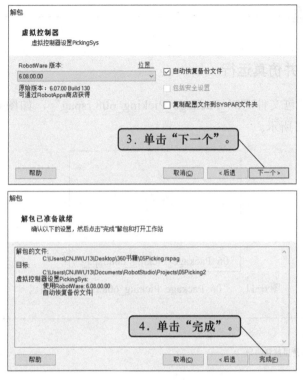

图 6-12　解压工作站软件（续）

单击"仿真"菜单中的"播放"，如图 6-13 所示，即可查看该机器人工作站的运行情况。

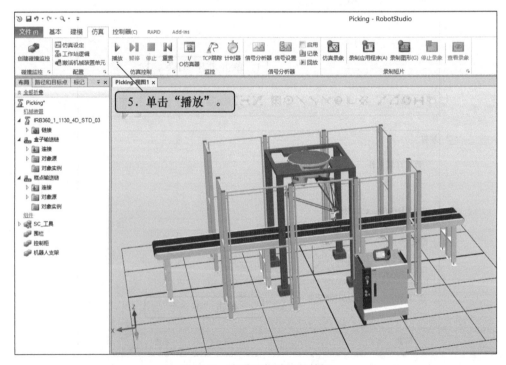

图 6-13　查看工作站运行情况

若想停止工作站运行，单击"仿真"菜单中的"停止"，如图 6-14 所示。

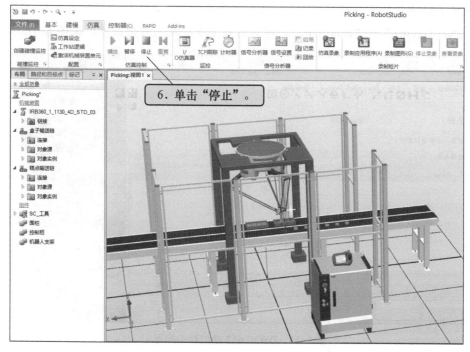

图 6-14　停止运行

6.4.2　工业机器人 I/O 设置

在此工作站中共配置了三个通信板卡，分别是 1 个 DSQC 652 通信板卡（Board10）、2 个 DSQC 377B 跟踪板卡（Qtrack1 和 Qtrack2），如图 6-15 所示。

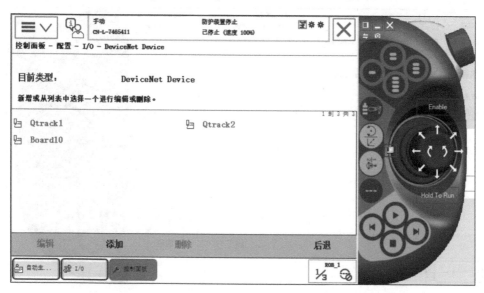

图 6-15　通信板卡

1. DSQC 652 通信板卡配置及信号设置

DSQC 652 通信板卡总线地址为10，在示教器中单击"菜单"—"控制面板"—"配置"—"DeviceNet Device"—"Board10"，可查看该 I/O 板块的参数设置，如图 6-16 所示。

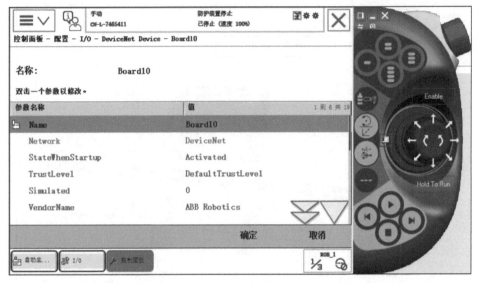

图 6-16   DSQC 652 通信板卡配置

在此工作站中，在 Board10 板卡上建立了一个数字输出信号"doVacuum"，在示教器中单击"菜单"—"控制面板"—"配置"—"Signal"，可查看这个 I/O 信号的设置。

doVacuum：数字输出信号，用于控制吸盘工具系统真空的开启与关闭，如图 6-17 所示。

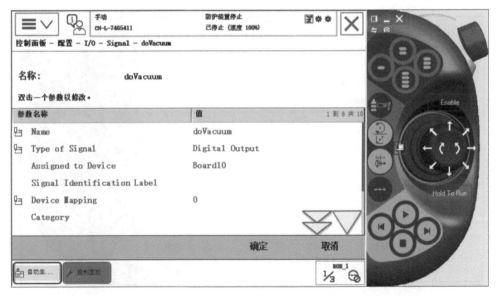

图 6-17   doVacuum 控制真空吸盘的开启与关闭

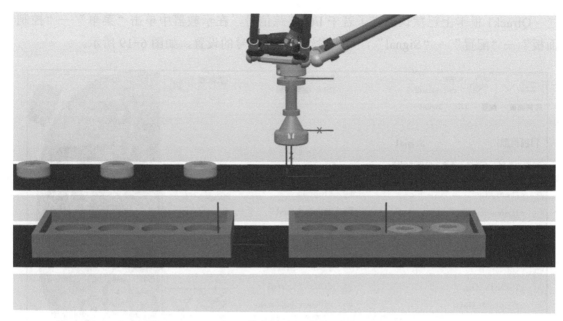

图 6-17　doVacuum 控制真空吸盘的开启与关闭（续）

2. DSQC 377B 跟踪通信板卡配置及信号设置

在配置 606-1 Conveyor Tracking 功能选项的机器人系统中，输送线机械单元 CNV1 的相关参数已经默认安装在系统中，对应的跟踪信号也已建立完成，可以直接使用。在示教器中单击"菜单"—"控制面板"—"配置"—"DeviceNet Device"—"Qtrack1"，可查看该 I/O 板块的参数设置，如图 6-18 所示。

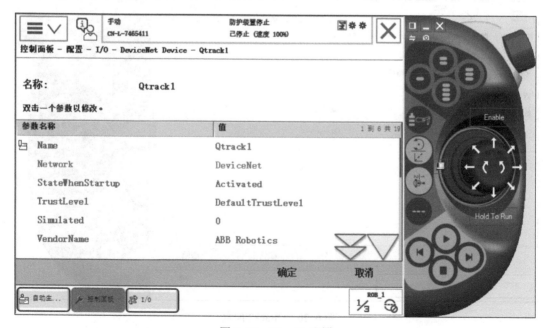

图 6-18　Qtrack1 配置

Qtrack1 板卡上已默认建立了若干 I/O 跟踪信号，在示教器中单击"菜单"—"控制面板"—"配置"—"Signal"，可查看这些 I/O 信号的设置，如图 6-19 所示。

图 6-19　Qtrack1 I/O 信号

在示教器中单击"菜单"—"控制面板"—"配置"—"DeviceNet Device"—"Qtrack2"，可查看该 I/O 板块的参数设置，如图 6-20 所示。

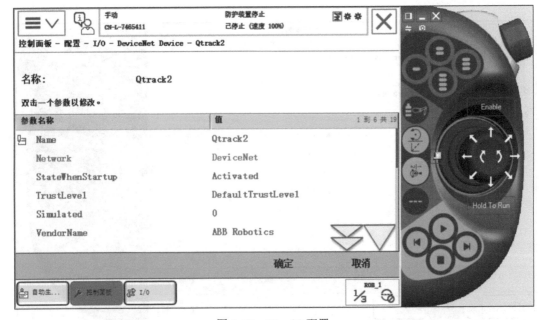

图 6-20　Qtrack2 配置

Qtrack2 板卡上已默认建立了若干 I/O 跟踪信号，在示教器中单击"菜单"—"控制面板"—"配置"—"Signal"，可查看这些 I/O 信号的设置，如图 6-21 所示。

对应跟踪板卡 Qtrack2 的信号前缀为 c2，信号数量与功能和 Qtrack1 相同。

图 6-21　Qtrack2 I/O 信号设置

对应的常用信号功能说明见表 6-4。

表 6-4　Qtrack2 信号功能说明

信　号	功 能 说 明
c2Connected	数字输入；表示工件已被连接
c2DropWObj	数字输出；断开连接，功能与指令 DropWObj WobjCNV2；相同
c2ObjectsInQ	组输入；表示进入队列的工件个数，这些工件已通过同步开关但还未进入开始窗口
c2Rem1PObj	数字输出；剔除当前队列窗口中第一个进入队列窗口的工件
c2RemAllPObj	数字输出；清除当前队列窗口中所有的工件
c2PassStw	数字输入；工件未被连接即已通过了开始窗口
c2Position	模拟输入；显示当前第一个有效工件的位置
c2Speed	模拟输入；显示当前输送线的速度

6.4.3　坐标系及载荷数据设置

1. 工具坐标系 tVacuum

沿着默认工具坐标系 tool0 的 Z 轴正方向偏移 100mm；工具本身负载 0.2kg，重心沿着 tool0 的 Z 轴正方向偏移 60mm，如图 6-22 所示。在实际应用中，工具本身负载可通过机器人系统中的自动测算载荷的系统例行程序 LoadIdentify 进行测算。

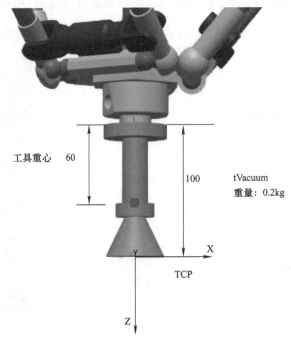

图 6-22　坐标系定义示意图 1

在示教器的"主菜单—手动操纵—工具坐标"中可以新建工具坐标系 tVacuun，并修改参数值，如图 6-23、图 6-24 所示。

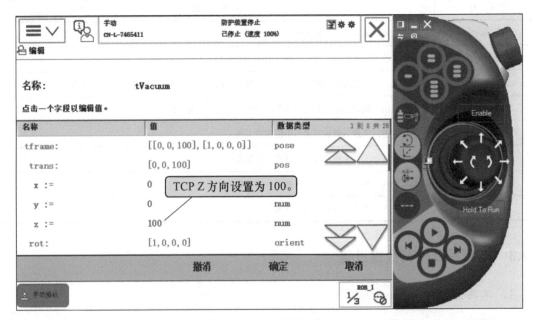

图 6-23　TCP 参数设置 1

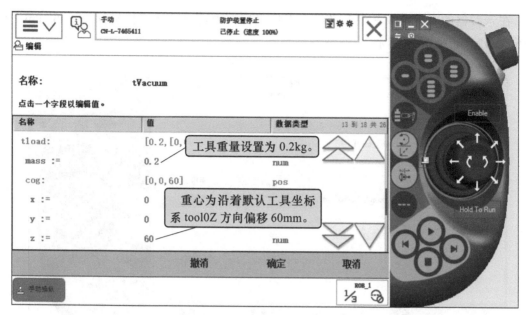

图 6-24　TCP 参数设置 2

2. 工件坐标系数据 wobj_cnv1、wobj_cnv2

该工作站有两条输送线需要跟踪，工业机器人需要在两条输送线上分别建立工件坐标系，并设置为可移动的用户坐标系，由输送线装置协调驱动，如图 6-25 所示。

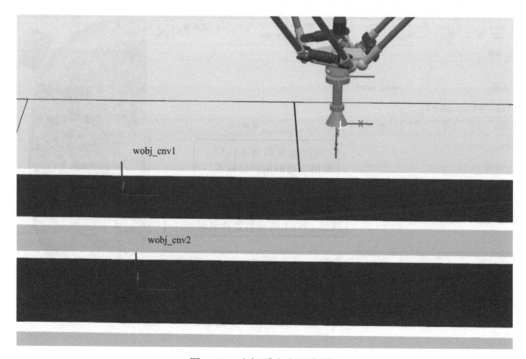

图 6-25　坐标系定义示意图 2

在示教器的"主菜单—手动操纵—工件坐标"中可以新建工件坐标系 wobj_cnv1 和 wobj_cnv2，如图 6-26 所示。

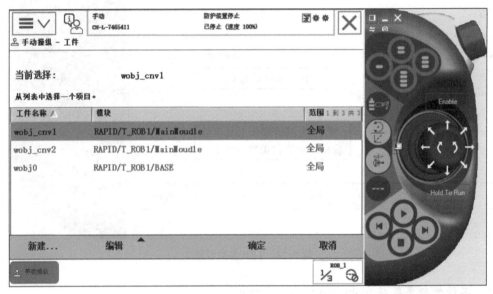

图 6-26　建立工件坐标系

对工件坐标系 wobj_cnv1 的值进行设置，如图 6-27 所示。

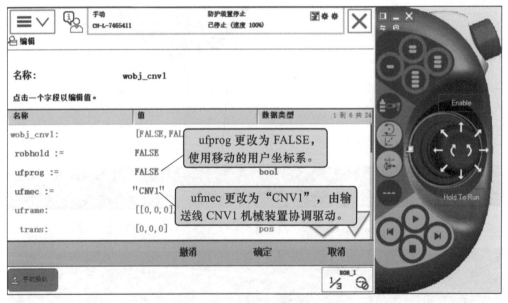

图 6-27　wobj_cnv1 参数设置

同理，对工件坐标系 wobj_cnv2 的值进行设置，如图 6-28 所示。

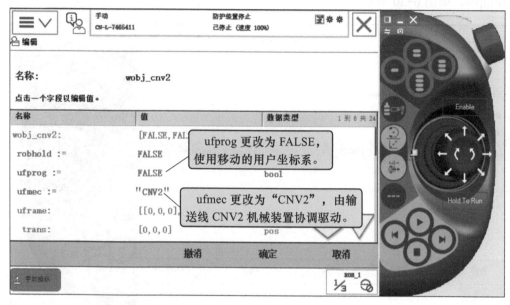

图 6-28　wobj_cnv2 参数设置

3. 有效载荷数据

工业机器人所拾取的糕点本身重量为 0.2kg，重心相对于 tVacuum 来说沿着其 Z 轴方向偏移了 10mm，如图 6-29 所示；在实际应用过程中，有效载荷也可通过 LoadIdentify 进行测算；此外，还设置了 LoadEmpty，作为空负载数据使用。

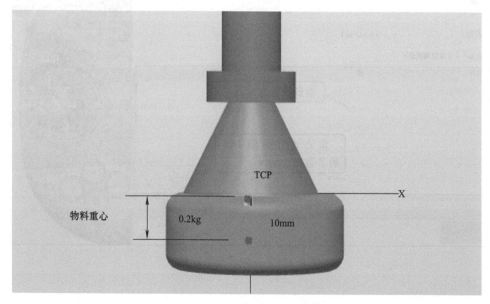

图 6-29　有效载荷数据示意图

在示教器的"主菜单—手动操纵—有效载荷"中可以新建有效载荷数据 LoadFull 和 LoadEmpty，如图 6-30 所示。

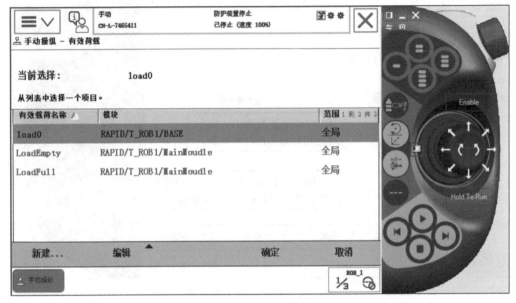

图 6-30　建立有效载荷数据

对有效载荷数据 LoadFull 的值进行设置，如图 6-31 所示。

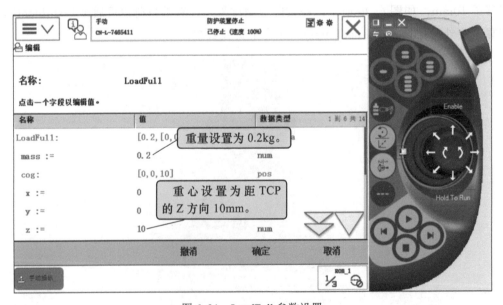

图 6-31　LoadFull 参数设置

对有效载荷数据 LoadEmpty 的值进行设置，如图 6-32 所示。

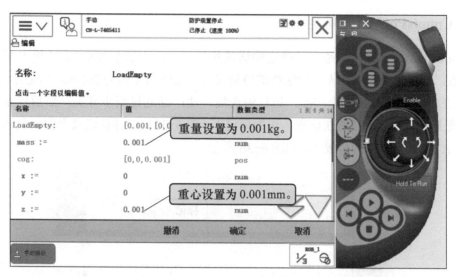

图 6-32　LoadEmpty 参数设置

6.4.4　编码器正负方向检测

两条输送线上的编码器在使用前需要判断方向是否正确，检测方法如下：

在输送线上放置一个产品，运行输送线，使产品通过同步开关，通过示教器的手动操纵界面来查看此时输送线的数值，如果观测到的数值是正数，则证明当前所接编码器的 A 相、B 相正确，如图 6-33、图 6-34 所示；如果观测到的数值为负值，则需要在 DSQC 377 板上将编码器的 A 相、B 相连接端子互换一下位置。

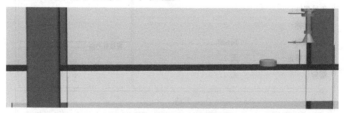

图 6-33　编码器正负判断 1

图 6-34　编码器正负判断 2

6.4.5 ConutsPerMeter 标定

ConutsPerMeter 的标定是为了确定输送线每运行 1m，通过 DSQC 377 板卡采集到的计数个数，以实现工业机器人与输送线的协调运动，系统初始值为 20000，标定方法如下：

1）在输送线上放置一个产品，运行输送线，使产品通过同步开关，然后停止运行，在输送线上标记当前产品所在位置，作为标记 1（图 6-35），并且记录当前示教器上输送线显示的位置数据，作为位置 1，如图 6-36 所示。

图 6-35　标记 1

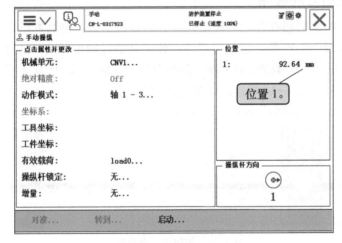

图 6-36　位置 1

2）启动输送线，使产品再移动一段距离，建议超过 1m，在输送线上标记当前产品所在位置，作为标记 2（图 6-37），并且记录当前示教器上输送线显示的位置数据，作为位置 2，如图 6-38 所示。

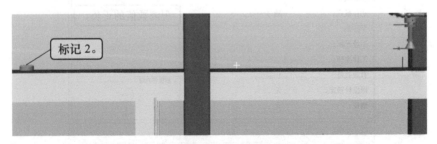

图 6-37　标记 2

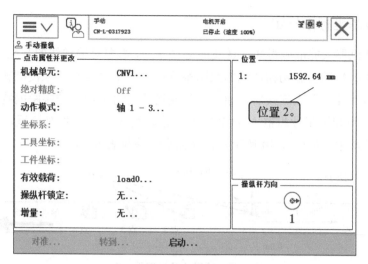

图 6-38 位置 2

3）CountersPerMeter 计算：

CountersPerMeter=（位置 2- 位置 1）× 当前系统 CounterPerMeter/（标记 1 与标记 2 的实际距离）

本系统中：

CountersPerMeter=（1592.64mm-92.64mm）×20000/3100mm=9677.4

4）根据计算结果，修改系统参数 CountersPerMeter，修改完成后通过上述标定方法再次验证计算结果是否准确。

在示教器的"主菜单—控制面板—配置—DeviceNet Command—CountersPerMeter1"中，修改 Value 的值，如图 6-39 所示。

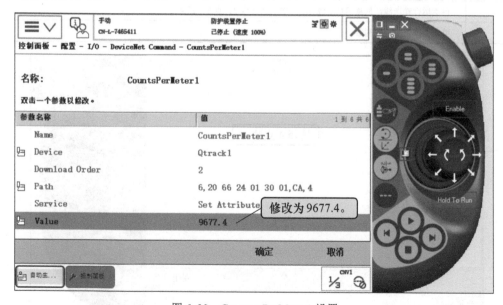

图 6-39 CountersPerMeter1 设置

输送线 2 的标定方法与输送线 1 的标定方法相同。

6.4.6 输送线基坐标系标定

为了让工业机器人能准确得知输送线的运动方向，需要对输送线的基坐标系进行标定。输送线基坐标系的校准会影响输送线的跟踪精度，需要采用 4 点法来校准输送线的基坐标系，当输送线与工业机器人连接后，通过运行输送线，将上面已被跟踪的物体运行至四个不同的位置，期间利用工业机器人 TCP 依次到达该物体的同一相对位置，并将各点位置数据记录在示教器中，如图 6-40 所示，具体标定步骤见表 6-5。

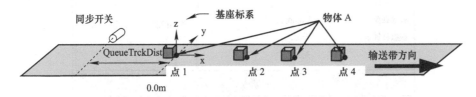

图 6-40 输送线基坐标系标定

表 6-5 输送线基坐标系标定步骤

步 骤	操 作
1	单步运行两条指令： ActUnit CNV1； WaitWObj wobjcnv1；
2	在输送线上固定一物体 A，运行输送线，直至物体 A 通过同步开关以及 0.0 位置，停止输送线
3	进入示教器校准菜单，选择"CNV1"，单击"基座"，选择 4 点法，图 6-41 所示
4	将工业机器人 TCP 移至物体 A 某一点，在示教器标定界面选中"点 1"，单击"修改位置"，记录该位置，图 6-42 所示
5	再次运行输送线，重复运行步骤 4，依次记录下点 2、点 3、点 4
6	单击完成，重启控制器

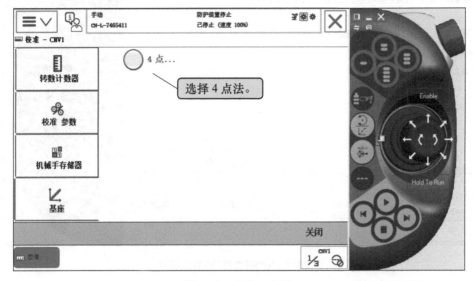

图 6-41 基座 4 点法

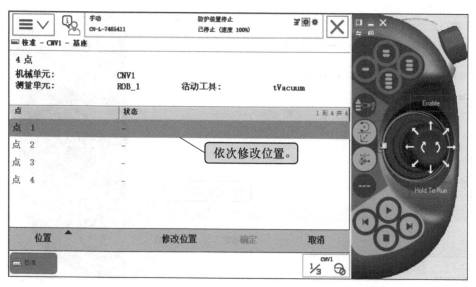

图 6-42　修改位置

输送线 2 的基坐标系标定方法与输送线 1 相同。

6.4.7　跟踪参数设置

1）QueueTrckDist：设置方法如下：

在示教器的"主菜单—控制面板—配置—DeviceNet Command—QueueTrckDist1"中，修改"Value"的值，如图 6-43 所示。

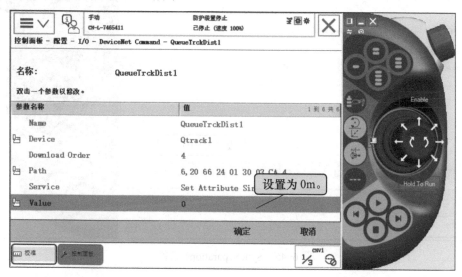

图 6-43　QueueTrckDist1 设置

2）StartWinWidth：设置方法如下：

在示教器的"主菜单—控制面板—配置—DeviceNet Command—StartWinWidth1"中，修改"Value"的值，如图 6-44 所示。

图 6-44 StartWinWidth1 设置

3）SyncSeparation：设置方法如下：

在示教器的"主菜单—控制面板—配置—DeviceNet Command—SyncSeparation1"中，修改"Value"的值，如图 6-45 所示。

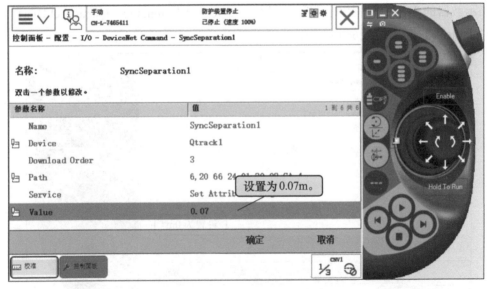

图 6-45 SyncSeparation1 设置

4）Adjustment Speed：设置方法如下：

在示教器的"主菜单—控制面板—配置—Process 主题—Conveyor Systems—CNV1"中，修改"Adjustment Speed"的值，如图 6-46 所示。

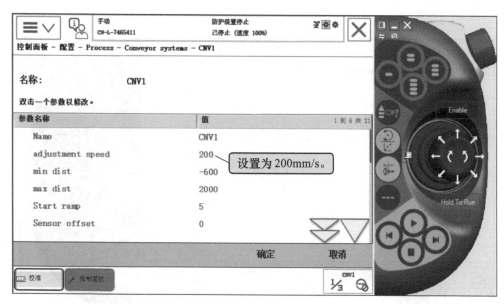

图6-46 Adjustment Speed 设置

5）Maximum distance：设置方法如下：

在示教器的"主菜单—控制面板—配置—Process 主题—Conveyor Systems—CNV1"中，修改"max dist"的值，如图6-47所示。

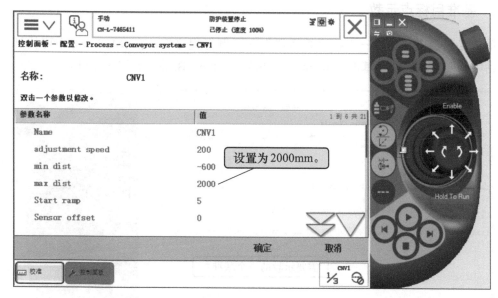

图6-47 max dist 设置

6）Minimum distance：设置方法如下：

在示教器的"主菜单—控制面板—配置—Process 主题—Conveyor Systems—CNV1"中，修改 min dist 的值，如图6-48所示。

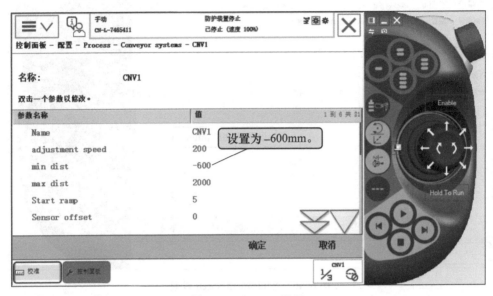

图 6-48　min dist 设置

输送线 2 的参数设置方法与输送线 1 相同。

6.4.8　基准目标点示教

单击示教器"菜单"—"程序编辑器"—"例行程序"，在 rModify() 中可找到在此工作站中需要示教的 3 个基准：pHome、pPick 和 pPlaceBase，如图 6-49 所示。

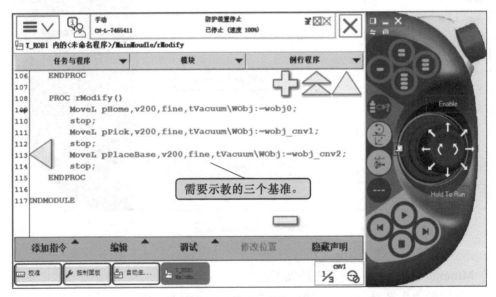

图 6-49　基准目标点示教

1．pHome

工业机器人工作等待位置，示教时使用工具坐标系 tVacuum、工件坐标系 Wobj0，如图 6-50 所示。

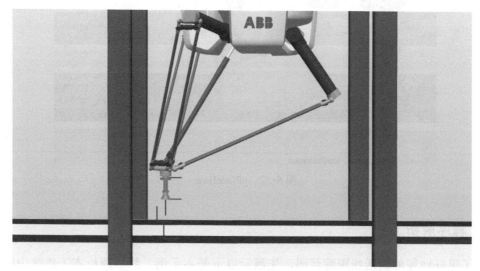

图 6-50 pHome

2．pPick

工业机器人在 CNV1 糕点输入线上的抓取位置，示教时使用工具坐标系 tVacuum、工件坐标系 wobj_cnv1，如图 6-51 所示。

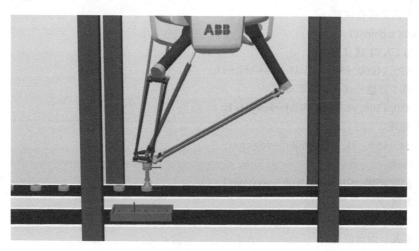

图 6-51 pPick

3．pPlaceBase

工业机器人在 CNV2 盒子输出线上的放置基准位置，示教时使用工具坐标系 tVacuum、工件坐标系 wobj_cnv2，如图 6-52 所示。

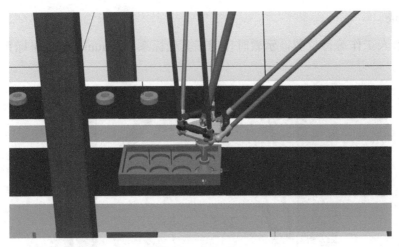

图 6-52　pPlaceBase

6.4.9　程序解析

为了更好地理解输送线跟踪代码，先展示以下基本示例，然后解析本工作站中的两条输送线的程序。

1. 输送线跟踪基本示例

```
ActUnit CNV1;
! 激活输送线系统 CNV1
MoveL p10, v1000, fine, tool1\Wobj:=wobj0;
! 移动至固定等待位置
WaitWObj wobjcnv1;
! 等待与 CNV1 建立连接
MoveL p20, v1000, z50, tool1\Wobj:=wobjcnv1;
! 与 CNV1 已建立连接，跟踪处理
MoveL p30, v500, z1, tool1\Wobj:=wobjcnv1;
! 跟踪处理
MoveL p40, v500, z1, tool1\Wobj:=wobjcnv1;
! 跟踪处理
MoveL p50, v500, z20, tool1\Wobj:=wobjcnv1;
! 跟踪处理
MoveL p60, v1000, z50, tool1\Wobj:=wobj0;
! 移动至某一固定位置
DropWObj wobjcnv1;
! 断开连接
MoveL p10, v500, fine, tool1\Wobj:=wobj0;
! 移动至固定等待位置
DeactUnit CNV1;
! 失效输送线系统 CNV1
```

2. 工作站代码解析

```
MODULE MainMoudle
    PERS tooldata tVacuum:=[TRUE,[[0,0,100],[1,0,0,0]],[0.2,[0,0,60],[1,0,0,0],0,0,0]];
    ！定义工具坐标系 tVacuum
PERS wobjdata wobj_cnv1:=[FALSE,FALSE,"CNV1",[[0,0,0],[1,0,0,0]],[[0,0,0],[1,0,0,0]]];
    ！定义糕点输入线上工件坐标系 wobj_cnv1
PERS wobjdata wobj_cnv2:=[FALSE,FALSE,"CNV2",[[0,0,0],[1,0,0,0]],[[0,0,0],[1,0,0,0]]];
    ！定义盒子输出线上工件坐标系 wobj_cnv2
PERS Loaddata LoadEmpty:=[0.001,[0,0,0.001],[1,0,0,0],0,0,0];
    ！定义空有效载荷数据 LoadEmpty
PERS Loaddata LoadFull:=[0.2,[0,0,10],[1,0,0,0],0,0,0];
    ！定义有效载荷数据 LoadFull
 PERS robtarget pPick:=[[0,0,25],[0,1,0,0],[0,0,0,0],[9E9,9E9,9E9,9E9,0,669.289]];
    ！定义抓取点 pPick
PERS robtarget pHome:=[[0,190.74,162.54],[0,1,0,0],[0,0,0,0],[9E+09,9E+09,9E+09,9E+09,0,0]];
    ！定义工作等待点 pHome
    PERS robtarget pPlaceBase:=[[104,-35,20],[0,1,0,0],[0,0,0,0],[9E9,9E9,9E9,9E9,0,0]];
    ！定义放置基准点 pPlaceBase
    PERS robtarget pPlace:=[[104,-35,20],[0,1,0,0],[0,0,0,0],[9E+9,9E+9,9E+9,9E+9,0,0]];
    ！定义放置点 pPlace
    PERS speeddata vMinEmpty:=[1500,400,6000,1000];
    ！定义空载荷时的最小速度数据
    PERS speeddata vMidEmpty:=[3500,400,6000,1000];
    ！定义空载荷时的中等速度数据


    PERS speeddata vMaxEmpty:=[6000,400,6000,1000];
    ！定义空载荷时的最大速度数据
    PERS speeddata vMinLoad:=[1200,400,6000,1000];
    ！定义满载荷时的最小速度数据
    PERS speeddata vMidLoad:=[2500,400,6000,1000];
    ！定义满载荷时的中等速度数据
    PERS speeddata vMaxLoad:=[4000,400,6000,1000];
    ！定义满载荷时的最大速度数据
    PERS num nCounter:=2;
    ！定义抓取次数计数器数据
    VAR triggdata VacuumOn;
    ！定义真空开启的触发数据
    VAR triggdata VacuumOff;
    ！定义真空关闭的触发数据
```

```
PERS stoppointdata stoppointPick:=[3,TRUE,[100,100,0,20],0,0.05,"",0,0];
```
! 定义抓取糕点时的停止点数据，停止类型为跟随时间类 follow time，用于通过传送带来协调机械臂运动，将通过 RAPID 程序执行来同步停止点

停止点位置标准为停止点 fine 规定距离的 100%

停止点速度标准为停止点 fine 规定速度的 100%

最长等待时间为 20s

跟随时间为 0.05s

```
PERS stoppointdata stoppointPlace:=[3,TRUE,[100,100,0,20],0,0.03,"",0,0];
```
! 定义放置糕点时的停止点数据，停止类型为跟随时间类 follow time，用于通过传送带来协调机械臂运动，将通过 RAPID 程序执行来同步停止点

停止点位置标准为停止点 fine 规定距离的 100%

停止点速度标准为停止点 fine 规定速度的 100%

最长等待时间为 20s

跟随时间为 0.03s

```
PROC main()
    rInitAll;
```
! 初始化数据

```
    WHILE TRUE DO
        rPick;
```
! 工业机器人糕点输入线上抓取糕点

```
        rPostion;
```
! 工业机器人计算放置点位

```
        rPlace;
```
! 工业机器人盒子输出线上放置糕点到盒子

```
    ENDWHILE
```
! 无限循环

```
ENDPROC


PROC rInitAll()
    ActUnit CNV1;
```
! 激活输送线装置 CVN1，即糕点输入线

```
    ActUnit CNV2;
```
! 激活输送线装置 CVN2，即盒子输出线

```
    PulseDO c1RemAllPObj;
```
! 清除糕点输入线当前队列窗口中所有的工件

```
    PulseDO c1DropWObj;
```
! 糕点输入线断开连接

```
    PulseDO c2RemAllPObj;
```
! 清除盒子输出线当前队列窗口中所有的工件

```
        PulseDO c2DropWObj;
    ! 盒子输出线断开连接
        MoveL pHome,v500,fine,tVacuum\WObj:=wobj0;
    ! 工业机器人移动到等待位
        Reset doVacuum;
    ! 复位真空信号
        nCounter:=1;
    ! 复位拾取次数计数器
        TriggEquip VacuumOn,0,0.15\DOp:=doVacuum,1;
    ! 绑定触发数据，在距离目标点提前 0.15s，将输出信号 doVacuum 置位为 1
        TriggEquip VacuumOff,0,0.1\DOp:=doVacuum,0;
    ! 绑定触发数据，在距离目标点提前 0.1s，将输出信号 doVacuum 复位为 0
    ENDPROC


    PROC rPick()
        WaitWObj wobj_cnv1\RelDist:=50;
    ! 等待与 CNV1 糕点输入线上面的工件建立连接，跟踪延迟距离 50mm
        MoveL Offs(pPick,0,0,80),vMaxEmpty,z20,tVacuum\WObj:=wobj_cnv1;
    ! 线性移动到抓取点上方 80mm 处，准备抓取
        TriggL pPick,vMinEmpty,VacuumOn,z0\Inpos:=stoppointPick,tVacuum\WObj:=wobj_cnv1;
    ! 到达抓取点进行抓取，并使用触发数据 VacuumOn，提前打开真空信号，停止点使用
stoppointPick
        IF nCounter>8 THEN
            DropWObj wobj_cnv2;
            nCounter:=1;
        ENDIF
    ! 如果计数大于 8，需要先断开盒子输出线的连接，重新复位计数器，等待下一个盒子到位
        GripLoad LoadFull;
    ! 加载满载荷数据
        MoveL Offs(pPick,0,0,80),vMinLoad,z20,tVacuum\WObj:=wobj_cnv1;
    ! 移动回抓取点上方，等待抓取下一个工件
    ENDPROC


    PROC rPostion()
        TEST nCounter
        ! 条件判断计数器
        CASE 1:
            pPlace:=Offs(pPlaceBase,0,0,0);
        CASE 2:
```

```
          pPlace:=Offs(pPlaceBase,0,70,0);
      CASE 3:
          pPlace:=Offs(pPlaceBase,-70,0,0);
      CASE 4:
          pPlace:=Offs(pPlaceBase,-70,70,0);
      CASE 5:
          pPlace:=Offs(pPlaceBase,-140,0,0);
      CASE 6:
          pPlace:=Offs(pPlaceBase,-140,70,0);
      CASE 7:
          pPlace:=Offs(pPlaceBase,-210,0,0);
      CASE 8:
          pPlace:=Offs(pPlaceBase,-210,70,0);
      DEFAULT:
          Stop;
      ENDTEST
```

! 根据计数器数据的不同，每次做相对于放置基准点 pPlaceBase 的偏移，能准确地放置于每个盒子的 8 个放置位中

```
    ENDPROC


    PROC rPlace()
        IF nCounter=1 WaitWobj wobj_cnv2\RelDist:=10;
```

! 如果计数为 1，则等待 CNV2 盒子输出线的连接，跟踪延迟距离 10mm

```
        MoveL Offs(pPlace,0,0,80),vMaxLoad,z20,tVacuum\WObj:=wobj_cnv2;
```

! 工业机器人移动至放置点上方 80mm 的位置，等待放置

```
        TriggL pPlace,vMinLoad,VacuumOff,z0\Inpos:=stoppointPlace,tVacuum\WObj:=wobj_cnv2;
```

! 到达放置点进行放置，并使用触发数据 VacuumOff，提前复位真空信号，停止点使用 stoppointPlace

```
        DropWObj wobj_cnv1;
```

! 断开 CNV1 糕点输入线的连接

```
        GripLoad LoadEmpty;
```

! 加载空载荷数据

```
        MoveL Offs(pPlace,0,0,80),vMidEmpty,z20,tVacuum\WObj:=wobj_cnv2;
```

! 工业机器人移动回放置点上方 80mm 的位置

```
        nCounter:=nCounter+1;
```

! 计数器加 1

```
    ENDPROC


    PROC rCalib()
```

```
        ActUnit CNV1;
! 激活输送线 CNV1 糕点输入线
        PulseDO c1RemAllPObj;
! 清除糕点输入线当前队列窗口中所有的工件
        DropWObj wobj_cnv1;
! 断开 CNV1 糕点输入线连接
        WaitTime 0.3;
! 等待 0.3s
        WaitWObj wobj_cnv1;
! 等待 CNV1 糕点输入线的连接
    ENDPROC

    PROC rModify()
        MoveL pHome,v200,fine,tVacuum\WObj:=wobj0;
! 示教工作等待点 pHome
        stop;
        MoveL pPick,v200,fine,tVacuum\WObj:=wobj_cnv1;
! 示教抓取点
        stop;
        MoveL pPlaceBase,v200,fine,tVacuum\WObj:=wobj_cnv2;
! 抓取放置基准点
        stop;
    ENDPROC
ENDMODULE
```

6.5　课后练习

本机器人工作站应用较为新颖，主要涉及输送线跟踪的相关知识，包括需要了解输送线跟踪的原理，输送线跟踪硬件配置，输送线分拣类工具坐标系、工件坐标系、有效载荷的设置，输送线跟踪校准，输送线跟踪参数设置，输送线跟踪常用 I/O 使用，输送线跟踪常用指令使用及代码编程等。

在了解整个工作站后，读者需要重点练习，可尝试修改输送线的数量后进行测试，观察工业机器人运动跟踪状态，并总结心得。

参 考 文 献

[1] 高国富，谢少荣，罗均．机器人传感器及其应用 [M]．北京：化学工业出版社，2005．

[2] 徐方．工业机器人产业现状与发展 [J]．机器人技术与应用，2007（5）：2-4．

[3] 约瑟夫·巴-科恩，大卫·汉森，阿迪·马罗姆．机器人革命：即将到来的机器人时代 [M]．潘俊，译．北京：机械工业出版社，2015．

[4] 韩建海．工业机器人 [M]．3 版．武汉：华中科技大学出版社，2015．

[5] 叶晖，管小清．工业机器人实操与应用技巧 [M]．北京：机械工业出版社，2010．

[6] 叶晖．工业机器人典型案例精析 [M]．北京：机械工业出版社，2013．

[7] 管小清．工业机器人产品包装典型应用精析 [M]．北京：机械工业出版社，2016．